新型职业农民技能培训丛书

新型职业农民中等职业教育教材

"阳光工程"培训

乡村兽医

唐仲明 黄红卫 柳忠祥 赵 斌
刘国荣 王吉英 徐 力 刘 斌 编著

山东科学技术出版社

前　言

要实现农村社会和谐稳定发展，重点在农业，难点在农民。促进农业发展，加快农民奔小康的步伐，关键在于提高农民素质。促进农民工素质提高，造就新型农民，对建设新农村意义重大。

随着城乡一体化建设的逐步推进和农业产业化的快速发展，农村技能培训已成为农民就业致富的一条重要渠道，要不断提高农民自我发展能力，培养有文化、懂技术、会经营的新型农民。新型农民培训应该向3个方面发展：第一，促进农业科技化，关键在于加快农业科技创新，加快农业科技成果的转化应用，使新型农民用先进的技术和装备推进农业现代化。第二，带动农业产业化，农业是一个系统工程，产前、产中、产后是一个整体链，需要以市场为导向，以经济效益为中心，形成具有区域性特色的农产品专业化生产。农民职业培训和教育通过对返乡农民工的培养，发现和培养农业产业化经营的应用型人才，从而全面提高农业产业化水平。第三，推进农业现代化，表现为新型农民对土地耕作、蔬菜栽培、果树种植、畜禽养殖新设备和新技术的应用。

本丛书选取了18种关注热点高、成熟度大、能切实给农民朋友带来效益的职业和技能，包括农业新型职业，如农产品质量监督员、农村信息员、农村经纪人、经济合作社管理、休闲农业经营等都是“三农”发展新趋势的产物，贯穿于“三农”的各个生产环节，发挥着日趋重要的作用，也赋予了“三农”新的动力和活力；农业产业创新发展需要的职业及技术，如乡村兽医、畜禽养殖新技术、果树修剪与管理、蔬菜栽培新技术等；农村乡镇企业、农民进城务工需要的技能和职业，如电工、钳工、农机修理员、电子装配工、砌筑工、月嫂等。以上这些新技能和新职业涉及“三农”的方方面面,也有城乡结合、过渡的含义。新型农民只有掌握了新的职业技能,才能适应新的农业生产发展形势的需要,才能成为城乡一体化发展的新的生力军。

本丛书强调以人为本的理念,遵循以灵活多变的培训形式取代规范理论教学模式的原则,具有理论与实践相结合的特点;内容涉及范围极可能广,让农民在有限的精力和时间内掌握尽可能多的有益信息;既立足于现在,又着眼于未来;考虑到农民的文化素质,本丛书力求通俗易懂。真心希望本丛书能够成为农民谋求一技之长,提高技能水平,了解农业产业发展形势,进而发家致富的良师益友。

本丛书可作为新型职业农民中等职业教育教材使用,旨在培养适应现代化发展和新农村建设要求的新型职业农民。

由于我们水平有限,加之农业技术和水平发展迅速,书中难免存在错误和欠妥之处,恳请广大农民朋友们提出宝贵意见,以便改正和更新。

编者

目 录

第一章　畜禽疫病综合防疫措施

第一节　病原微生物

自然界存在着成千上万种的微生物，其中有一部分微生物能以各种方式侵入动物体内，以其固有的毒力突破机体的防御屏障，到达体内一定的组织进行生长繁殖，并产生对机体有毒害作用的代谢产物（如毒素），使被侵害的组织出现病理变化，继而使被感染的动物出现程度不同的临床症状。这种具有致病作用的微生物，就叫做病原微生物。

常见的病原微生物有细菌、病毒、真菌、支原体、螺旋体等。如禽霍乱、鸡白痢、禽伤寒、禽副伤寒等的病原体属于细菌，鸡新城疫、鸡痘、马立克病、鸡白血病的病原体属于病毒，鸡曲霉菌病的病原体属于真菌，鸡支原体病（慢性呼吸道病）的病原体属于支原体，鸡螺旋体病的病原体属于螺旋体等。

这些病原微生物的主要共同特性是：个体微小，肉眼不能看见，只有在显微镜或电子显微镜下，才可以看见它们的个体形态。有惊人的繁殖速度，如病原性细菌，当外界环境条件适宜时，每半小时可以繁殖一代。有一定的传染性，可以从一只动物通过直接或间接的途径传递给另一只动物，从而导致疾病的传播。在流行中断之后，这些病原微生物往往可以在被感染的动物体内或在适合于它们的外界环境中潜藏下来，当再次遇到有易感性的动物时，又可造成传染病的暴发与流行。对不良的外界条件均具有一定的抵抗力，但是直射阳光、化学消毒剂，50℃以上较长时间的生物热，以及紫外线照射、高温等，均可使病原微生物致死。

一、免疫

在大多数情况下，动物机体的内环境并不适合侵入的病原微生物生长繁殖，或动物体能迅速动员全身的防御力量将该病原微生物消灭，使其不出现明显的病理变化和临床症状，这种现象统称为抗感染免疫。病原体侵入并引起机体病理损伤的过程中，也伴随着机体的非特异性免疫和特异性免疫反应，以清除体内出现的病原体及其毒性产物，维持机体的稳定和平衡。

（一）非特异性免疫

是指动物体在长期种系发育与进化过程中逐渐建立起来的，对大多数病原微生物都具有一定抵抗和杀伤作用的天然防御机能。主要包括动物体表和体内能够抵抗微生物入侵的各种屏障，吞噬细胞的吞噬作用，以及各种抗感染因子等。

（二）特异性免疫

是指个体在生命活动过程中，与病原体及其产物等抗原物质接触后产生的免疫，故又称获得性免疫。特异性免疫是在非特异性免疫基础上建立的，具有明显的针对性和记忆性，可因再次接受相同抗原刺激而提高免疫效果。在生产实践中，为了预防传染病的发生，对畜禽进行免疫接种是有效的方法。病毒比其他微生物容易产生较好的免疫力，所以多数的免疫接种是预防病毒病的。

二、传染病防治

传染病的防治，应根据流行病学调查和研究的结果，以及不同病种的危害程度，在宏观经济分析的基础上制定长远规划和短期计划，以使传染病防治工作有明确的目标。为此，除应加强兽医基础设施建设和工作管理、严格执行兽医法律法规外，在实际工作中更应强化实施动物传染病的综合性防治措施。这些措施概括为疫病预防、疫病控制、疫病净化和疫病消灭等。

（一）疫病预防

是指采取一切手段，将某种传染病排除在一个未受感染动物群之外的防疫措施。如加强环境控制、改善饲养管理条件，提高动物群的一般抗病能力。强化动物繁育体系建设，引进动物时应进行严格的隔离和检疫，以防止病原体的传入。按时进行预防接种，认真执行强制性免疫计划。定期进行卫生消毒和杀虫灭鼠工作，及时对粪便等污物进行无害化处理。认真贯彻执行动物及其产品的国境国内检疫，以便及时发现并消灭传染源。建立各地动物疫病流行病学监测网络，系统监测和调查当地疫病的分布状况，明确预防工作对象，有计划、有目的开展防疫工作。

（二）疫病控制

是指通过采取各种方法降低已经存在于动物群中某种传染病的发病率和死亡率，并将该种传染病限制在局部范围内加以就地扑灭的防疫措施。它包括患病动物的隔离、消毒、治疗、紧急免疫接种，或封锁疫区、扑杀传染病源等方法，以防止疫病在易感动物群中蔓延。

（三）疫病消灭

是指在限定地区内根除一种或几种病原微生物而采取多种措施的统称，通常也指动物疫病在限定地区内被根除的状态。传染病的消灭除取决于各种社会因素外，更受病原体生物学特性的影响，如宿主范围、免疫力、血清型以及疫苗效果等。疫病消灭的空间范围分为地区性、全国性和全球性3种类型。通过认真执行兽医综合性防疫措施，严格立法执行，对传染源及时进行选择屠宰、检疫隔离并宰杀淘汰患病动物，加强群体免疫接种、严格消毒、控制传播媒介等措施，经过长期不懈的努力，在限定地区内消灭某种动物传染病是完全能够实现的。

（四）疫病净化

是指通过采取检疫、消毒、扑杀或淘汰等技术措施，使某一地区或养殖场内的某种或某些动物传染病在限定时间内逐渐被清除的状态。不同地区或养殖场同时进行疫病净化是疫病消灭的基础和前提条件，因此疫病净化是目前国际上许多国家对付某些法定动物传染病的通用方法。

三、病原微生物的种类

常见的病原微生物有细菌、病毒、真菌、霉形体、螺旋体等。

(一)细菌

细菌是原核生物界中的一大类单细胞微生物,它们的个体微小,形态与结构简单。细菌有球形、杆形和螺旋形,以二分裂的方式繁殖。细菌没有细胞核,也没有线粒体等细胞器,只有一个环状的 DNA 分子,位于细菌细胞内特定的区域内,称为类核体。除支原体外,所有细菌都有细胞壁,胞壁酸是细菌细胞壁的特有成分。植物的细胞壁不含胞壁酸。革兰染色是对细菌的细胞壁染色,鉴定细菌的一个简便方法。引起多种炎症的链球菌,引起化脓的葡萄球菌等都是革兰阳性菌;大肠杆菌、沙门菌等是革兰阴性菌。很多杆菌和螺旋菌的体表有鞭毛,鞭毛很细。细菌的细胞膜也是脂类双分子层结构,细胞膜本身具有呼吸功能。很多细菌的细胞质中还含有小的环状 DNA 分子,称为质粒,为染色体外的遗传物质。质粒在遗传工程的工作中很重要,可作为传递基因的载体。

(二)分支杆菌及放线菌

分支杆菌均为平直或微弯的杆菌,有时分支,呈丝状,不产生鞭毛、芽孢或荚膜。革兰染色阳性,能抵抗3%盐酸酒精的脱色作用,故称为抗酸菌。分支杆菌在自然界分布广泛,对动物有致病性的主要是结核分支杆菌、牛分支杆菌、禽分支杆菌和副结核分支杆菌等。

放线菌是一类能形成分支菌丝的细菌,其细胞壁含有与细菌相同的肽聚糖,不产生芽孢和分生孢子,革兰染色呈阳性。放线菌生活于土壤中,平常所说的“土腥气”主要来自放线菌。其中牛放线菌较为常见,可感染牛、猪、马、羊等。此外,放线菌是许多医用抗生素的产生菌。链霉菌是放线菌中最重要的一类,产生的抗生素种类最多,如链霉素、红霉素等。

(三)衣原体和立克次体

立克次体和衣原体都是专性细胞内寄生的原核微生物,结构及繁殖方式与细菌类似,生长要求类似病毒。过去认为它们是病毒或介于病毒与细菌之间的生物。但衣原体和立克次体都有自己的酶系统,都有 DNA 和 RNA 两种核酸,都有含胞壁酸的细胞壁,因此应属细菌。它们的酶系统并不完全,衣原体所需 ATP 全部依赖于寄主细胞,必须在寄主细胞内生活,有摄能寄生物之称。衣原体广泛分布于鸟类,人体细胞也常有衣原体寄生。沙眼和鹦鹉热的病原就是衣原体。立克次体也是专性寄生的,主要寄生于节肢动物如蝉、螨、昆虫等细胞内，或以这些动物为媒介而寄生于人和其他动物细胞内。

（四）霉形体

霉形体又名支原体，是一类无细胞壁的细菌，细胞柔软，高度多形性，从球形到不规则的丝状都有。支原体是已知最小的，能在细胞外培养生长的原核生物，含有 DNA 和 RNA，以二分裂或出芽方式繁殖。在固体培养基上形成特征性的“煎荷包蛋”状菌落。由于没有细胞壁，对作用于肽聚糖细胞壁的抗生素不敏感，但对抑制或改变正常蛋白质合成的抗生素，如四环素、土霉素、新霉素、卡那霉素等均敏感。

霉形体广泛分布于污水、土壤、植物、动物和人体中，营腐生、共生或寄生生活，常污染实验室的细胞培养及生物制品，有 30 多种对人或畜禽有致病性，临床常引起鸡的慢性呼吸道病和猪的气喘病。

（五）螺旋体

螺旋体是一类菌体细长、柔软、弯曲呈螺旋状，能活泼运动的原核单细胞微生物。它的基本结构与细菌类似，细胞壁中有脂多糖和胞壁酸，胞浆内含核质，以二分裂繁殖，需氧、兼性厌氧或厌氧。螺旋体不易着色，多需特殊染色法。只有一些大型的螺旋体能为革兰染色法着染，且均为阴性。

具有重要致病意义的有疏螺旋属、蛇形螺旋体属、密螺旋体属及细螺旋体属。猪痢蛇形螺旋体对肠具有肠致病性，密螺旋体属仅有兔梅毒密螺旋体。

（六）真菌

真菌是一类真核微生物，不含叶绿素，无根、茎、叶，营腐生或寄生生活。一般从形态上分为酵母菌、霉菌及担子菌三大类，均可使动物致病。酵母菌为单细胞微生物，生长繁殖规律与细菌相似，以无性繁殖为主。霉菌有菌丝和孢子，菌丝体构成菌落，无性与有性繁殖产生的孢子具有不同形态特征。真菌对外界环境有较强的适应力，室温、低 pH 及高湿有利其生长。

真菌通过不同形式可引起各种动物的不同疾病。

1. 致病性真菌感染

主要是外源性真菌感染，可造成皮肤、皮下和全身性感染，如皮肤癣菌在皮肤局部大量繁殖后，通过机械刺激和代谢产物的作用，引起局部炎症和病变。

2. 条件致病性真菌感染

一些内源性真菌如念珠菌、曲霉菌等，致病性不强，只在机体免疫力降低或长期应用广谱抗生素治疗后，发生机会感染。

3. 真菌性中毒

在饲料中生长的真菌，动物食用后可导致中毒。引起中毒的主要是真菌产生的毒素，如黄曲霉毒素等。

4. 引发肿瘤

某些真菌产物与肿瘤的发生有着密切关系，如黄曲霉毒素的毒性很强，小剂量即有致癌作用。

5. 真菌变态反应性疾病

主要是曲霉、青霉、镰刀菌等引起的接触性皮炎。

（七）病毒

病毒以病毒颗粒的形式存在，具有一定形态、结构与传染性，在电子显微镜下才能观察到。各种病毒颗粒形态不一，但都具有蛋白质的衣壳及其包裹的核酸芯髓，衣壳与芯髓共同构成核衣壳。有的病毒核衣壳还有囊膜及纤突。衣壳由壳粒组成，呈 20 面体对称，少数为复合对称。每一种病毒只含有一种核酸，DNA 或 RNA。每种核酸又有双股与单股、正股与负股、线状与环状、分节段与不分节段之分。脂质与糖是囊膜与纤突的组分，可被氯仿或乙醚等脂溶剂破坏。核酸是病毒分类的最基本标准。

病毒在自然界分布广泛，人与动物、植物、藻类、真菌和细菌都有病毒感染。其中动物病毒种类繁多，多数对宿主有致病作用，导致疫病流行，造成巨大损失，例如口蹄疫、禽流行性感冒、狂犬病等。有的则可引发肿瘤，例如鸡马立克病病毒、禽白血病病毒等。

四、病原微生物的侵入途径和定位

（一）细菌

细菌感染的第一步就是在体内定居，前提是细菌要黏附在宿主消化道、呼吸道、生殖道、尿道及眼结膜等处，以免被肠蠕动、黏液分泌、呼吸道纤毛运动等作用所清除。

凡是有黏附作用的细菌结构成分，统称为黏附素。通常是细菌表面的一些大分子结构成分，主要是革兰阴性菌的菌毛；其次是非菌毛黏附素，如某些外膜蛋白（OMP）以及革兰阳性菌的脂磷壁酸（LTA）等。

某些黏附素无宿主特异性及组织嗜性。例如 F_1 能与细胞表面的 D 甘露糖残基结合，不论何种动物、何种组织细胞的 D 甘露糖均可。大多数细菌的黏附素具有宿主特异性及组织嗜性，如大肠杆菌的 F_4（K_{88}）菌毛仅黏附于猪的小肠前段，F_6（987P）仅黏附于猪的小肠后段。

细胞或组织表面与黏附素相互作用的成分称为受体，多为细胞表面糖蛋白，其中的糖残基往往是黏附素直接结合部位，如大肠杆菌 I 型菌毛结合 D 甘露糖，霍乱弧菌的 4 型菌毛结合的藻糖，甘露糖、大肠杆菌的 F_5（K_{99}）菌毛结合唾液酸和半乳糖。部分黏附素受体为蛋白质，最有代表性的是细胞外基质（ECM），ECM 的成员有 1 型及 4 型胶原蛋白、层黏连蛋白、纤黏蛋白等，如金黄色葡萄球菌的黏附素原结合蛋白受体为胶原蛋白。

病原菌黏附于细胞或组织表面后，必须克服机体局部的防御机制，特别是要干扰或逃避局部的吞噬作用及抗体介导的免疫作用，才能感染。

（二）病毒

病毒感染的第一步同细菌类似，也是必须吸附敏感的宿主细胞，这一吸附过程包括静电吸附及特异性受体吸附两阶段。细胞及病毒颗粒表面都带负电荷，Ca^{2+}、Mg^{2+} 等阳离子能促进静电吸附。特异性吸附对于病毒感染细胞至关重要，病毒表面的分子如纤突等吸附敏感细胞表面的受体，这种结合是特异的。病毒受体是宿主细胞表面的特殊结构，多为糖蛋白。例如，硫酸乙酰肝素是伪狂犬病毒的受体，CD_9 是犬瘟热病毒的受体等。

病毒吸附宿主细胞后，脱去核衣壳，病毒基因组及部分蛋白从衣壳中逸出，进入细胞浆或细胞核，开始复制子代病毒。随着病毒的大量复制，对宿主组织和器官造成直接损伤从而致病，但也可能无组织器官损伤，而导致病理变化或易发生继发感染。

五、畜禽机体的防御机能

在大多数情况下，动物机体的内环境并不适合侵入的病原微生物生长繁殖，或动物体能迅速动员全身的防御力量将该病原微生物消灭，使其不出现明显的病理变化和临床症状。病原体侵入并引起机体病理损伤的过程中，也同时伴随着机体的非特异性免疫和特异性免疫反应，以清除体内出现的病原体及其毒性产物，维持机体的稳定和平衡。畜禽体的防御机能主要包括机体的非特异性防御和特异性防御机制。

（一）非特异性防御机制

是指动物体在长期种系发育与进化过程中逐渐建立起来的，对大多数病原微生物都有一定抵抗和杀伤作用的天然防御机能。动物机体的非特异性免疫受遗传控制，并与动物机体的组织结构、饲养管理条件和营养状况等因素有关。非特异性免疫的构成因素主要包括：

1. 屏障抵抗力

即由动物体表皮肤及与外界相通的腔道黏膜构成的，能够抵抗微生物侵入的机体屏障。如血脑屏障能够阻挡细菌、病毒及其毒性产物进入脑组织，胎盘屏障能够阻挡母体内病原体或有害物质进入胎儿体内。

2. 炎症和吞噬作用

动物体内存在着大量的吞噬细胞，如中性粒细胞、单核细胞、巨噬细胞等，均具有杀灭或降解异物的作用。病原菌一旦突破机体的防御屏障进入体内，就会遭到吞噬细胞围攻和吞噬，在机体的局部形成炎症反应，并通过溶酶体等降解。病毒感染后，机体的巨噬细胞可作为抗体依赖性细胞介导的细胞毒作用（ADCC）中的非特异性效应细胞，对病毒感染和复制起到抑制作用，同时可通过细胞因子网络启动一系列的免疫应答反应来对抗感染。巨噬细胞还可作为抗原提呈细胞对病毒抗原进行摄入、加工，并呈递给局部淋巴结中的细胞，以启动机体的特异性免疫反应。

3. 其他抗感染因子

正常动物体液和组织中含有多种能杀伤或抑制病原体的物质，这些抗感染因子相互作用或在淋巴细胞、吞噬细胞等配合下能够发挥强大的抗感染作用。抗感染因子包括补体、溶菌酶、乙型溶素和细胞因子等。

(二) 特异性防御机制

是指个体在生命活动过程中与病原体及其产物等抗原物质接触后产生的免疫，故又称获得性免疫，可因再次接受相同的抗原刺激而大幅度提高免疫效果。

1. 局部性免疫

除了主要通过吸血昆虫传播的疾病外，大部分病原体是经黏膜系统侵入机体的。为了抵抗病原微生物的感染，预防局部黏膜疾病以及进一步系统疾病的发生，机体黏膜组织形成了严密的防御体系——黏膜免疫系统，从而构成了动物体抵抗病原体入侵的第一道免疫屏障。黏膜免疫系统，是由分布在呼吸道、消化道、泌尿生殖道以及外分泌黏膜组织内的淋巴组织和免疫活性细胞等构成。当黏膜组织受到抗原刺激后，该系统能够产生相应的分泌型 IgA(SigA)，并分布于黏膜表面。这种抗体对再次入侵的相同病原体具有调理及中和作用，使其不能在黏膜表面吸附、定居和繁殖，从而达到阻止侵入的目的。

2. 全身性免疫

是指由抗体或致敏淋巴细胞介导的，针对机体细胞内外病原微生物及有害物质的免疫反应。全身性免疫包括体液免疫和细胞免疫，主要包括特异性抗体在补体参与下的溶菌杀菌作用，特异性抗体的调理、中和作用，细胞毒 T 淋巴细胞(CTL)介导的免疫反应，迟发型超敏反应性 T 细胞介导的细胞免疫反应，以及抗体依赖性细胞介导的细胞毒作用。

第二节　生物安全

生物安全是国外提出的，有关集约化生产过程中保护和提高畜禽群体健康状况的理论，也是最有效、最经济地控制疫病发生和传播的方法。

生物安全的提出，与畜禽业生产及科技水平的发展有关。烈性动物传染病，尤其是人畜共患性疫病，如禽流感、口蹄疫、疯牛病等的暴发和流行，严重威胁着人类和畜禽的健康，已引起全球的恐慌。提起2003年在东南亚肆虐的SARS和H_5N_1亚型禽流感，至今人们还心有余悸。关于传染源及其传播途径至今还是一个谜，最新研究表明不仅是鸡，其他一些家禽和野鸟都能感染禽流感，猪也能感染禽流感。2004年3月日本研究人员在一个暴发禽流感家禽饲养场附近捕捉到的苍蝇体内发现了禽流感病毒，使人们更加确信禽流感病毒可以在不同物种之间传播。上述因素迫使各国政府和畜牧业相关行业从生物安全角度对待畜牧业生产、加工及疫病预防和控制工作，加强立法和行为规范。通过实施生物安全，使畜禽产品达到一定技术标准，无病原或减少病原，为人们提供安全的畜禽产品。

生物安全是指用于预防畜禽疾病和人畜共患病的病原体进入畜、禽群的全部管理实践。生物安全包括阻断致病性的病毒、细菌、真菌、后生动物和原生动物等侵入畜禽群体并进行增殖而采取的各项措施。生物安全不仅重视整个生产体系所有部分的联系及其对动物安全的影响，而且强调从实践上贯穿于生产管理始终，所以说生物安全是阻断引起畜禽疾病及人畜共患病的病原体进入畜禽群体，排除疾病威胁的多种预防措施而集成的一个综合措施，是减少疾病威胁的最佳手段，对多种疾病同时起到预防和净化作用。

生物安全是预防临床或亚临床疾病（包括人畜共患病）的总规则及措施，是一项系统工程，既给畜禽生产创造了一个良好的条件，同时也照顾了动物的福利。其应用措施是总的畜禽管理工作的一部分，而不是分开的个别条款。生物安全是保证畜禽正常“生活之道”的措施。生物安全的规则不是一成不变的，而是根据养殖场的具体外界环境来制定。生物安全措施是减少畜禽疾病的极好手段，但并不意味着它能预防所有的传染病。

实现生物安全，要通过构建生物安全体系来完成。生物安全体系是系统工程，是疫病的预防体系，主要着眼于为畜禽生长提供一个舒适的生活环境，从而提高畜禽机体的抵抗力，同时尽可能地使畜禽远离病原体的攻击。目前，针对现代化饲养管理体系下疫病控制的新特点，生物安全已经和药物治疗、疫苗免疫等共同组成了疫病控制的三角体系。通过生物安全的有效实施,可为药物治疗和疫苗免疫提供一个良好的应用环境,获得药物治疗和疫苗免疫的最佳效果,进而减少在饲养过程中抗生素的使用。生物安全体系是贯彻对疾病预防为主,防重于治方针的主要体现,是生产绿色无公害畜产品的必由之路,这一观念正日益被畜牧生产者所接受和重视。

一、生物安全与传染病三大要素的关系

传染病发生的三大要素,即病原体、易感动物和传播途径。传染病的三大要素之间相互作用,构成传染病发生和流行的必要条件。传染源、传播途径和易感动物是传染病发生的重要环节,缺少任何一个要素,传染病都不可能发生和流行。

生物安全措施是预防传染病(包括人畜共患病)的总规则及措施。针对疫病发生的三大要素之间的复杂联系和相互作用,通过完善养殖场舍工艺设计,建立对动物健康有利的生态环境,以改善环境、营养和管理措施,加强动物体质,有利于免疫效果。通过全员防疫、全面监测来加强安全管理系统,在整个生产系统和生产过程中贯彻生物安全措施,从而防止在集约化条件下饲养时疾病的发生和流行。生物安全措施的重点是消除传染源和切断传播途径。针对疫病的循环过程,抓住生产过程的每一个环节,消灭传染源,切断传播途径,这是生物安全措施的特点和要求。

众所周知,疾病必然是病因通过一定途径作用于动物机体,冲破了动物的防御能力而发生。通过病原的彻底灭绝和培育出具有遗传抗病能力的动物新品种,从而形成对疾病不易感,目前技术上仍是可望而不可即的。因此,有效减少和暂时局部消灭病原,切断传播途径,增强动物抵抗力,降低易感性,是防止疾病发生的关键。生物安全就是一种以切断传播途径为主的,包括全部良好饲育方法和管理实践在内的,预防疾病发生的生产体系。推行生物安全措施是防止传染病暴发的重要部分。

二、生物安全的内容

养殖场的生物安全不仅对疫病控制有重要意义,而且对提高家禽生

产性能也是必不可少的。

生物安全涉及建筑性生物安全措施、观念性生物安全措施和操作性生物安全措施等，包括环境控制、人员的控制、畜禽生产群的控制、饲料饮水的控制、对物品设施和工具的清洁与消毒处理、垫料及废弃物污物处理、药物预防与疫苗接种等 7 个方面。

（一）环境控制

1. 养殖场选址

养殖场应有很好的隔离条件并有一个生物安全系统。养殖场选址应选择地势高燥、背风向阳、水源充足、水质良好、排水方便、无污染、无排废、供电和交通方便的地方，远离铁路、机场、大公路、城镇、居民区和公共场所 500 m 以上；离开屠宰场、畜产品加工厂、垃圾及污水处理场所、风景旅游区 1 000 ~ 2 000 m；远离河流，严禁向河流排放粪尿污水。必须考虑周围环境对污染的消纳能力，适当限制饲养规模，使粪尿产出量与农田、果园负荷保持相对均等，以减少对环境的污染。鸡场的地点应有隔离的栅栏，保持良好的清洁状态。

2. 养殖场布局

养殖场内布局应做到生产区与生活区、行政管理区严格分开。生产区应在离生活区、行政管理区 100 m 以外的下风处。场内道路布局合理，进料道（净道）和出粪道（污道）严格分开，防止交叉污染。养殖场周围有缓冲隔离带 200 m，必须有围墙，围墙外最好有防疫沟。生产区应按畜禽各个生产环节的需要进一步细分。例如鸡场、鸭场，应按育雏、育成、产蛋、孵化、蛋库、销售分区；猪场，由上风向到下风向各段依次安排为配种、妊娠、产房、仔猪、育成、育肥、出猪台。生产区内备有防疫隔离间。

3. 养殖场的环境控制

养殖场内不允许饲养其他无关动物，如狗、猫等，定期杀灭舍内外的昆虫、老鼠等；畜禽舍之间不宜栽种树木，以免引来飞鸟筑巢、传播疾病；房舍周围 15 m 范围内的地面要进行平整和清理，以减少一些传播疾病的昆虫、鼠类等的滋生。

舍内要具备有效的控温和通风设施，舍内饲养密度、温度适宜；房舍应具有一定的密闭性，防止飞鸟、野兽、老鼠等进入舍内传播疾病。空气正压过滤鸡舍(FAPP)系统现只用于有较高价值的鸡,如纯系鸡或SPF鸡群。

4.养殖场密度和大小

地区内的养殖场密度也是一个应该注意的问题。高密度的养殖场,尤其是养殖小区,有大量的畜禽、人员在该地区活动,非常不利于疫病的防治,还可能带来严重的后果。因此,当地畜牧主管部门应加强宏观调控,适当控制养殖场密度。

养殖场的大小与结构与生物安全也密切相关。过大的养殖场难以维持高水平的生物安全性,通常情况下提倡中小型规模的养殖场。大型养殖场必须有严格的制度,完全分开的各个区域,每区域必须执行“全进全出”的饲养管理制度,拥有自己的工人、设备等。

(二)人员的控制

由于养殖场的环境具有相对的固定性,而养殖场人员具有较强的流动性。因此,控制养殖场人员的活动对于防止疾病的传入和蔓延具有更重要的意义。

对养殖场的管理人员和工人必须进行教育与培训,提高对生物安全重要性和必要性的认识,制定切实有效的生物安全措施并严格执行。养殖场禁止一切外来人员参观,来场人员不得进入生产区。养殖场食堂不准外购相关的畜产品,场内不准带入可能染疫的畜产品或其他物品。饲养员最好不要进屠宰场和畜禽交易市场。饲养员家中禁止饲养与养殖场相同的动物,最好不要饲养动物。饲养员进场必须沐浴、更衣、消毒,饲养员不得串舍,各舍用具不得相互借用。场内兽医人员一般不准对外诊疗与本场相同的动物及其他动物的疾病,如确需进行诊疗应做好消毒防疫工作。养殖场配种人员一般不准对外开展相关动物的配种工作,如确需进行应做好消毒防疫工作。生产人员进入生产区应洗手,穿工作服和胶靴,戴工作帽或淋浴后更换衣、鞋。工作服应保持清洁,定期消毒。

(三)畜禽生产群的控制

畜禽生产群的控制,主要是考虑到引种时可能携带病原进入养殖场,以及不同品种年龄的畜禽对不同疾病的易感性不同。不同种类、类型的家禽及不同的生产水平,要求不同的生物安全水平。不同类型及不同品系家禽，存在着对各种疾病不同的遗传抗性，如对马立克病、沙门菌病、传染性法氏囊病，甚至球虫病都有不同的抵抗力。

种畜禽来源要清楚，注意引种安全，防止带入经卵、种垂直传播的传染病。实践证明，许多疾病的传入都是由于引种不慎所引起的。在引种前要对引种场的资质进行考察，从防疫工作较好的种畜禽场引种，对一些重要疾病要进行免疫学检测，确认无相关病原后方可引种。引种后必须有一定的隔离期，为防止引进呈隐性感染的动物，在隔离期内可与数只健康的易感动物一起饲养，观察易感动物是否发病。

每栋畜舍最好实行全进全出制，不同品种、批次、日龄的畜禽禁止混养，对疑似患上传染性疾病的动物立即进行隔离。

对家禽的操作，如人工授精、疫苗接种、剪冠、切喙、剪趾等，如处理不好，不单是家禽的福利问题，也影响家禽的健康，引起应激及传播疾病（通过输精器、针头等）。

家禽的适宜密度与鸡舍的类型、气候状况、屠宰时的体重（肉鸡）或饲养规格（如每笼的蛋鸡数目）等有很大的关系。此外应考虑到动物的福利及疾病的发生，高密度意味着高的应激，对疾病更为敏感。

（四）对饲料和饮水的控制

除了呼吸系统疾病主要通过呼吸系统感染外，大多数疾病都是通过消化道感染的。饲料和饮水极易受到病原的污染，并且污染后还极易通过器械、人员、动物等因素扩散，造成疾病蔓延，因此，对饲料和饮水的质量进行监测和控制具有重要意义。

对饲料和饮水的控制应考虑认真选择原料，严格控制生产程序，饲料加工过程中的颗粒化并加入有机酸，可有效地减少饲料中的病原微生物。饲料必须在保质期内，保管方法正确，无霉变。饮水必须清洁，建议定期检测水质，如有必要在水中加入 2 mg/L 的氯或其他消毒剂作饮水的消毒。

（五）对物品、设施和工具的清洁与消毒处理

消毒是养殖场控制疾病的一个重要措施，消毒可以避免病原进入养殖场或畜禽舍，杀灭进入养殖场或畜禽舍内的病原，减少畜禽被病原感染的机会。

养殖场的大门入口处设有消毒池，生产区入口处设有消毒池、更衣间，每栋舍门口设有消毒池，对入场车辆进行消毒。每月全场大环境彻底消毒一次，走道每周至少消毒两次。畜禽出栏后对舍内进行彻底清洗、消毒，空舍一段时间后再次消毒后方可再用。定期在舍内进行喷雾消毒，每个消毒池要经常更换消毒液，保持有效浓度。不要长期使用同一种消毒药，应定期换用几种不同的消毒药。每天坚持打扫舍内卫生，保持饲槽、水槽、用具干净，地面清洁，提高消毒效果。在生产过程中保持内外环境的清洁非常重要，清洁是发挥良好消毒作用的基础，消毒要选择安全有效的消毒剂。

控制野鸟入内，养殖场尤其是养禽场应有防鸟设备。养殖场的设计还应有利于控制害虫及鼠类，养殖场内不允许其他动物和狗猫等宠物存在。

（六）对垫料、废弃物、污物妥善处理

畜禽的垫料、废弃物、污物带有许多病原，是重要的污染源，对它们的妥善处理是十分重要的，特别是在发生疾病时更是如此。对垫料、排泄物应进行生物发酵处理后方可用作肥料。病死畜禽不可随意抛弃，可置于专用的尸体处理坑内，并用消毒液进行消毒。

（七）药物预防与疫苗接种

疫苗接种、益生素或抗菌药物的应用，不能代替生物安全措施，只能作为生物安全的辅助措施。不应把药物作为真的预防措施，药物预防仅用于球虫病，也只是临床症状的预防而已，不能预防传染。由于抗药性菌株的产生及药物残留的问题，不应广泛地使用抗生素及化学治疗药物。

益生素是一种新型的饲料生物添加剂，是控制某些疾病（如沙门菌病、大肠杆菌病等），符合生态要求的一种方法，具有较多的优点，将会有进一步的发展与应用。

疫苗接种仍然是我们对付传染病的主要手段。各养殖场应按当地疾病流行情况、动物来源及其遗传特性、母源抗体、养殖场防疫及隔离的水平等，来决定接种疫苗种类、免疫程序，还要注意疫苗的保存及使用质量等。

三、生物安全体系的建立

一个养殖场如果想要有效地预防和控制传染病，取得较好的效益，必须构建养殖场的生物安全体系。构建养殖场生物安全体系的总原则，是对照生物安全的主要内容，制定切实可行的措施并逐一落实，尽可能地为畜禽生长创造一个舒适的环境，减少不良的环境应激因素，减少病原体对畜禽的侵袭机会。许多养殖场虽然具有良好的卫生防疫制度，但并未认真执行，管理者存在一定的侥幸心理和麻痹思想，这是十分危险的。生物安全体系的效果只有在认真落实、常抓不懈的前提下才会显现出来。

（一）规模化鸡场的生物安全体系

1. 鸡场选址

鸡场场址应选在地势高燥、排水方便，远离村镇或其他单位，远离畜禽屠宰肉类和畜产品加工厂，鸡场周围要设立封闭的防疫墙或防疫沟，鸡场大门要设立消毒池。

2. 鸡场的规划和布局

鸡场应分为生产区、生活区、病畜管理区，间距为 100 m，并设有隔离墙和专用门。生产区入口要建宽于大门、长于车轮一周半的消毒池或更衣消毒室，要设置强制淋浴装置。病畜管理区入口要设立消毒设施，种鸡场、孵化场、商品场必须严格分开，距离 500 m 以上，并有隔离设施。不同饲养时期的家禽要分小区规划，间距 50 m，并设置隔离林带。生产区内各小区入口或建筑物入口都要建宽于大门、长于1.5 m的消毒池。

鸡场要合理布局，育雏区和饲料贮存室建在鸡场上风向，用饲料罐车将饲料送入料库或料塔。病畜管理区和粪便处理场建在鸡场外的下风向，并用专用道路和装置运至处理场内处理。蛋盘蛋箱是鸡场经常出入的用具，消毒池应与生产区围墙建在同一平行线上。回场后，车可以停在围墙外，将蛋盘蛋箱和用具直接送入消毒池内，浸泡消毒 4 ~6 小时，然后再从生产区取出，洗净备用。食堂、垫料库等设在生活区和生产区的交接处。食堂对生产区开小窗，垫料库可以两面开门，垫料直接卸到库内进行消毒后，从内侧取出。各生产小区要设置卫生间。场内要设置清洁道和污染道，清洁道用于运送饲料、鸡、洁净的物品用具设备或饲养管理人员出入，污染道运送粪便、淘汰鸡、病死鸡或污浊的设备，两条道不交叉。

3. 鸡场日常的管理措施

鸡场谢绝参观，非生产人员不得进入生产区；鸡舍仅允许本舍饲养人员进入；各生产区工作人员可穿不同的工作服，只许在小区内活动。

鸡场不得饲养其他畜禽及鸟类，不得使用外购的家禽和禽蛋。定期开展灭鼠、灭蚊蝇和灭蟑螂工作。饲养管理人员发现病死鸡要及时隔离，有疫情要及时报告，封锁现场，进行科学处置。死鸡放在指定地点进行焚化或深埋等安全处理，不能随变乱扔，更不能出售。

进入生产区的车辆要经过消毒池，并对车体喷洒消毒药；进入鸡场的物品必须是新的（纸质的）或经清洗消毒；进入鸡场的饲养人员必须淋浴换衣，每次进场需换工作服和鞋，脚踩消毒池，并用紫外线照射消毒，饲喂前要用消毒液洗手。

4. 消毒

（1）鸡舍消毒：进鸡前应对鸡舍清洁消毒。清扫，将鸡舍料塔、料车、料槽的剩余饲料清除干净，舍内粪便、污物清理干净，清扫屋顶、墙壁、地面、通风系统、笼具笼架和其他辅助设备上的灰尘，为避免灰尘飞扬可先在舍内喷洒消毒药。冲洗，用高压水枪对舍内所有地方、所有设备用具全面冲洗，不留下任何污物的痕迹。消毒，待鸡舍干燥后，对鸡舍地面、墙壁、顶棚和设备、用具等喷洒消毒液或浸泡。熏蒸，将鸡舍封闭熏蒸，每立方米空间用福尔马林 28 ml、高锰酸钾 14 g，并保持一定的温度和湿度，熏蒸 24 ~ 48 小时后待用。带鸡消毒，对正饲养鸡的鸡舍及鸡群进行带鸡消毒，选用广谱、高效、低毒消毒药，如过氧乙酸、百毒杀、菌毒净等，每周消毒 1 次，要全面彻底，有疫情时每天消毒 1 次。

（2）环境消毒：进鸡前对鸡舍周围 5 m 以内的地面用 2% 火碱或 0.2% ~0.3% 过氧乙酸消毒。鸡场场内的道路每周消毒 1 ~ 2 次，疫情发生期间每天消毒 1 次。饮喂用具每周洗涮消毒 1 ~ 2 次，炎热季节 2 ~ 3 次。医疗器械和断喙等用具每次使用前要清洁消毒，工作服、帽、鞋每周要洗涮消毒 1 ~ 2 次。

5. 其他管理措施

科学饲养管理，采用“全进全出”制饲养方式。提供适宜和环境条件，如适宜的温度、湿度、光照、密度和气流。保证舍内空气清新洁净，可在进气口安装过滤装置或空气净化器，减少进入舍内空气微粒数量；降低微生物含量，也可在封闭舍内安装空气电净化系统，来除尘、防臭和减少病原微生物。

做好免疫接种工作。选用来源于SPF胚生产的优质疫苗，进行确切免疫接种，提高鸡群抗病力，并定期进行疫病检测，选择药物要进行药敏试验。

种鸡场的净化也是鸡场生物安全的重要措施，对种鸡场有意义，对商品鸡场更有益，是关系到生物安全成败的重要环节，每一级种鸡场都要搞好种鸡群的净化。

（二）规模化猪场的生物安全体系

猪场的生物安全体系可以借鉴规模化鸡场的生物安全体系。

必须从检测主要传染病（如伪狂犬病、布氏杆菌病等）为阴性的猪群引进猪，在现生产场所外隔离观察30天，最终混群饲养前还要做一次检测。

规模化猪场应采用人工清粪为主，少用水冲栏圈，实行粪水分离，固体可采取堆积生物热发酵处理，液体采取生物氧化或厌氧处理。规模化猪场应避免使用含氮、磷、铜、锌、砷等元素过高的配合饲料，消毒猪舍应避免使用大量的氢氧化钠、氯制剂、酚醛类等引起二次污染的消毒剂，提倡使用过氧化物、季胺盐类消毒剂。

在“全进全出”的猪场，要控制呼吸道疾病，制定相应的安全体系。

1. 猪舍环境

保证每头猪拥有不少于3 m^3，地面积不少于0.75 m^2，躺卧处空气流速不超过0.4 m/秒。猪舍内不应有1 m/秒的干冷气流，空气中氨浓度应低于0.1/万，二氧化碳低于15/万。

2. 温度

猪对温度高低非常敏感，适宜生长温度为14～23℃。仔猪怕冷，低温能诱发仔猪腹泻性传染病和呼吸道性传染病。仔猪在40日龄以内，温度应高于19℃，昼夜温差不大于6℃。如不控制通风和温度，仅在常温下饲养，则猪群不能健康生长。成年猪不耐热，当气温高于30℃时采食量明显下降,饲料报酬降低,长势缓慢。严重时导致妊娠母猪流产,种公猪性欲下降、精液品质不良,并在 2~3 个月难以恢复,所以炎热夏季应做好防暑降温工作。

3. 温度

猪的适宜相对湿度为 50%~80%,湿度过高会影响新陈代谢,导致仔猪黄白痢。为防止湿度过高,应减少猪舍内水汽的来源,少用或不用水冲刷猪圈,保持地面平整、避免积水,设置通风设备,经常开关门窗。

4. 密度

饲养密度和猪舍均不宜过大,容纳 100 头的猪舍比容纳 200 头的猪舍发生呼吸困难的情况要少得多。猪舍中猪越多,受微生物感染的机会越多,对应激的抵抗力越低。

5. 其他措施

在两批猪饲养间隔期对猪舍进行彻底清扫、消毒,一般空舍 3 天以上。要把不同来源、不同年龄的猪分开饲养。危险因素法的应用,是预防医学的一大进展。如果危险因素超过正常指标(如上述各方面),在引起临床症状之前就能采取适当的处理措施。

第三节　常用疫苗和免疫方法

一、常用疫(菌)苗的使用方法

疫苗是指由病原微生物或其组分、代谢产物经过特殊处理制成的,用于人工主动免疫的生物制品。理想的疫苗接种动物后能产生持久而坚强的免疫力,对机体无毒害作用。按疫苗的构成成分及其特性,主要分为常规疫苗和新型疫苗。常规疫苗是指由细菌、病毒、立克次体、螺旋体、支原体等完整微生物制成的疫苗,常规疫苗又分为灭活苗、弱毒苗和类毒素等。新型疫苗主要包括亚单位苗、基因工程活载体苗、基因缺失苗、DNA 疫苗等。

1. 猪瘟兔化弱毒疫苗或猪瘟兔化弱毒细胞培养苗

用于预防猪瘟。按瓶签注明的剂量加水稀释，各种大小猪均肌内或皮下注射 1 ml，4 天后的免疫力；哺乳仔猪的免疫力不够强，必须在断奶后再注射一次。为克服母源抗体干扰，必要时未断奶猪可注射 4 头份疫苗。免疫期 1 年。

2. 口服猪肺疫弱毒疫苗

用于预防猪肺疫，不论大小猪一律口服 3 亿菌，按猪头数计算需用疫苗剂量。用清水稀释后拌入饲料，注意每猪应吃一定量的料，口服 7 天后产生免疫力。免疫期 6 个月。

3. 猪肺疫氢氧化铝灭活疫苗

用于预防猪肺疫，不论大小猪，均皮下注射 5 ml，注射后 14 天产生免疫力。免疫期 9 个月。

4. 猪丹毒弱毒菌苗

用于预防猪丹毒，不论大小猪，按瓶签注明的剂量用稀释剂稀释后，皮下注射 1 ml［$G4T_{(10)}$每剂含活菌 5 亿，GC_{42}每剂含活菌 7 亿］，注射后 7 天产生免疫力。口服剂量加倍。免疫期 6 个月。

5. 猪丹毒氢氧化铝甲醛灭活疫苗

用于预防猪丹毒，凡体重 10 kg 以上断乳猪，皮下注射5 ml；10 kg 以内的小猪或未断乳猪皮下注射 3 ml，间隔 45 天再注射 3 ml，注射后 21 天产生免疫力。免疫期 6 个月。

6. 仔猪副伤寒弱毒疫苗

用于预防仔猪副伤寒。按标签注明用 20% 氢氧化铝胶稀释剂稀释后，对生下 1 个月以上的健康哺乳仔猪，一律于耳后浅层肌内注射 1 ml（含 40 亿活菌）。或按瓶签注明的头份，用冷开水稀释成每头份 5 ~ 10 ml，均匀拌入少量精料中，让猪自行采食。免疫期 9 个月。

7. 猪瘟、猪丹毒二联活疫苗

用于预防猪瘟、猪丹毒。按瓶签规定的头份数，加入氢氧化铝胶稀释液（也可用生理盐水）稀释。每头猪（不分大小）肌内注射 1 ml。断奶半个月以上仔猪注苗后对猪瘟免疫期为 1 年，猪丹毒约半年。

8. 猪瘟、猪丹毒、猪肺疫三联活疫苗

用于预防猪瘟、猪丹毒和猪肺疫，按瓶签标明头份用20%氢氧化铝胶生理盐水稀释，每猪一律肌内注射1 ml，未断奶猪注射后隔两个月再注射一次，注射后14～21天产生免疫力。猪瘟免疫期10个月以上，猪丹毒、猪肺疫免疫期半年。

9. 炭疽芽孢氢氧化铝佐剂苗

用于预防炭疽，一般称浓芽孢苗，即无毒炭疽芽孢苗或第Ⅱ号炭疽芽孢苗的浓缩制品；使用时以1份浓苗加9份20%氢氧化铝胶稀释剂，充分混匀后即可注射；其用途用法与各自芽孢苗相同，一般使用本苗可减少注射反应。免疫期1年。

10. 无毒炭疽芽孢苗

用于预防炭疽。大动物1岁以上，皮下注射1 ml；1岁以下，皮下注射0.5 ml。绵羊和猪皮下注射0.5 ml，注射后14天产生坚强的免疫力，山羊禁用。免疫期1年。

11. 第Ⅱ号炭疽芽孢苗

用于预防炭疽。各种家畜不论大小，均皮下注射1 ml，注射后14天产生免疫力。免疫期1年。

12. 气肿疽明矾菌苗

用于预防气肿疽。大小牛，皮下注射5 ml；6个月以下小牛，在6个月时再注射一次；羊皮下注射1 ml。免疫期6个月。

13. 牛出血性败血症氢氧化铝菌苗

用于预防牛出血性败血症。牛100 kg以下，皮下注射4 ml；100 kg以上，皮下注射6 ml，注射21天后产生免疫力。免疫期9个月。

14. 布氏菌猪型二号疫苗

用于预防布氏菌病。口服接种：牛每头500亿活菌；山羊、绵羊100亿活菌；猪口服两次，每次200亿活菌，间隔1个月。气雾接种暂限用于山羊和绵羊，每头羊20亿～50亿活菌。皮下或肌内注射：山羊25亿活菌，绵羊50亿活菌；猪注射两次，间隔1个月，每次20亿活菌。牛不采用注射法。免疫期牛、羊暂定为两年，猪暂定为1年。

15. 布氏菌羊型五号疫苗

用于预防布氏菌病，可采用皮下注射、气雾免疫和口服（饮水或灌服）等方法。牛皮下注射 250 亿活菌，室内气雾免疫 250 亿活菌，室外气雾免疫 400 亿活菌，鹿可采用牛的剂量。羊皮下注射 10 亿活菌，室内气雾免疫 25 亿活菌；室外气雾免疫 50 亿活菌，口服 250 亿活菌。免疫期羊暂定为一年半，牛、鹿暂定为 1 年。

16. 破伤风明矾沉降类毒素

用于预防破伤风，大动物（马、驴、骡、鹿）皮下注射 1 ml。幼畜减半，经 6 个月后再注射一次。绵羊及山羊各皮下注射 0.5 ml，注射后 1 个月产生免疫力。免疫期 1 年。

17. 羊快疫、猝击、肠毒血症三联灭活疫苗

用于预防羊快疫、猝击、肠毒血症。成年羊和羔羊一律皮下或肌内注射 5 ml，注射后两周产生免疫力。免疫期 6 个月。

18. 羔羊痢疾灭活疫苗

用于预防羔羊痢疾。怀孕母羊分娩前 20～30 天皮下注射2 ml，第二次于分娩前 10～20 天皮下注射 3 ml，第二次注射后 10 天产生免疫力。免疫期母羊 5 个月，经哺乳可使羔羊被动免疫。

19. 黑疫、快疫混合灭活疫苗

用于预防牛羊黑疫和快疫。氢氧化铝菌苗：羊不论大小均皮下或肌内注射 3 ml，牛可试用 10 ml，14 天后产生免疫力。免疫期 1 年。

20. 鸡新城疫油乳剂灭活苗

用于预防鸡新城疫。2 周龄以内的鸡，颈部皮下注射0.2 ml，同时以弱毒苗滴鼻；未经弱毒苗免疫的 2 月龄以上鸡皮下注射 0.5 ml；用弱毒苗免疫过的母鸡在开产前 2～3 周皮下注射 0.5 ml，可以保护整个产蛋期。2 周龄以内的雏鸡用本苗注射，同时以Ⅱ系或Ⅳ系苗滴鼻，免疫期可达 4 个月，未经弱毒苗免疫的 2 月龄鸡注苗后免疫期可达 10 个月。

21. 鸡痘鹌鹑化弱毒疫苗

用于预防鸡痘。按瓶签说明，加生理盐水稀释后充分摇匀；用消毒钢笔尖蘸取疫苗于鸡翅内侧无血管处刺种；20 日龄以上雏鸡刺种一下，1 月龄以上刺两下，接种后 14～21 天产生免疫力。20 日龄以内的雏鸡禁用。

免疫期大鸡5个月，雏鸡2个月。

22. 鸡马立克病火鸡疱疹弱毒冻干疫苗

用于预防鸡马立克病。按瓶签标明的头份和注射剂量，用磷酸盐缓冲液将冻干苗稀释，每鸡皮下或肌内注射0.2 ml(含1 000个孔斑单位)，适用于初出壳的1～3日龄雏鸡，注射后10～14天产生免疫力。免疫期一年半。

23. 鸡马立克病"814"弱毒疫苗

用于预防鸡马立克病。将本苗安瓿瓶从液氮罐中取出，迅速插入38℃温水中，不断摇动，经1～2分钟速溶后按瓶签标明剂量，用疫苗所配专用稀释液稀释。1～3日龄雏鸡每只肌内注射0.2 ml，8天后产生免疫力。免疫期一年半。

24. 鸡传染性支气管炎弱毒(H_{120})疫苗

用于预防鸡传染性支气管炎，用于初生雏鸡。滴鼻法：用生理盐水、蒸馏水或冷开水稀释10倍后，每雏滴鼻一滴(约0.03 ml)。饮水法：用蒸馏水、冷开水稀释，5～10日龄雏鸡饮水5～10 ml，20～30日龄鸡饮水10～20 ml。免疫后5～8天产生免疫力。免疫期暂定2个月。

25. 鸡传染性支气管炎弱毒(H_{52})疫苗

用于预防鸡传染性支气管炎。适用于1月龄以上的鸡，初生雏鸡禁用，使用方法和剂量与H_{120}相同。免疫期暂定6个月。

26. 鸡传染性法氏囊病弱毒疫苗

用于预防鸡传染性法氏囊病，有鸡胚苗和细胞苗两类。按瓶签标明剂量，生理盐水、蒸馏水或冷开水进行稀释，饮水或滴鼻均可。无母源抗体雏鸡于1～7日龄时首免，3～4周龄时二免；有母源抗体者于2～3周龄时首免，5周龄时二免。接种后21天可产生较强免疫力。免疫期暂定为半年，常因免疫程序和母源抗体的不同而有差异。

27. 鸡传染性法氏囊病灭活疫苗

用于预防鸡传染性法氏囊病，供种母鸡免疫接种。18～20周龄种母鸡颈部背侧注射1.2 ml。接种后3周，经蛋传递母源抗体使雏鸡在3～4周龄获得保护。免疫期暂定为半年，常因免疫程序和母源抗体的不同而有差异。

28. 鸡产蛋下降综合征油乳剂灭活疫苗

用于预防鸡产蛋下降综合征,用于蛋鸡后备母鸡群。在开产前2~4周一次皮下或肌内注射,每只鸡注射0.5 ml,2~3周后产生免疫力。免疫期1年。

29. 鸭瘟鸡胚化弱毒疫苗

用于预防鸭瘟。按瓶签注明的剂量,用生理盐水稀释成200倍,胸肌注射1 ml;初生雏鸭则50倍稀释,腿肌注射0.25 ml。接种后3~4天可产生免疫力。免疫期初生雏鸭为1个月,2月龄以上鸭为9个月。

30. 小鹅瘟鸭胚化弱毒疫苗

用于预防小鹅瘟。用于产蛋前的母鹅,按瓶签注明剂量,用灭菌生理盐水稀释100倍,每只肌内注射1 ml,每年注射1~2次。产蛋前15~30天注射本苗,至9个月内所产蛋孵出的雏鹅95%以上能抵抗本病。

31. 禽霍乱 $G_{190}E_{40}$ 弱毒疫苗

用于预防禽巴氏杆菌病(禽霍乱),适用于3月龄以上的各种鸡。按瓶签注明的实际含量,以每头份0.5 ml计算,用20%~25%氢氧化铝胶生理盐水稀释,每只鸡肌内注射0.5 ml。免疫期3个月。

32. 禽霍乱氢氧化铝灭活疫苗

用于预防禽巴氏杆菌病(禽霍乱)。适用于2月龄以上鸡、鸭,每只肌内注射2 ml,注射后2~3周产生免疫力。免疫期3个月。

33. 禽霍乱油乳剂疫苗

用于预防禽巴氏杆菌病(禽霍乱)。适用于3月龄以上鸡,每只颈部或翅内侧皮下注射1 ml,注射后2~3周产生免疫力。免疫期6个月。

34. 兔、禽出血性败血病氢氧化铝灭活苗

用于预防兔、鸡、鸭巴氏杆菌病。35日龄以上的兔在腿部内侧皮下注射1 ml,2月龄的鸡、鸭在颈部皮下注射2 ml。兔免疫期6个月,鸡、鸭3个月。

35. 兔病毒性出血症灭活疫苗

用于预防兔病毒性出血症。该疫苗为含脏器乳剂,经甲醛溶液灭活制成。每只兔皮下注射1 ml,哺乳仔兔注射后必须在断奶后重复注射一次,注苗后3~7天产生免疫力。免疫期6个月以上。

36. 犬瘟热弱毒细胞苗

用于预防犬瘟热。可用于貂、犬、狐、熊等动物。用时将疫苗融化摇匀,在动物股内侧或腋下无毛处皮下注射。成年貂 1 ml,当年仔貂减半。成年犬、狐 2 ml,仔兽减半。注射后1～2周产生免疫力。免疫期 6 个月。

第四节　常用消毒剂和消毒方法及尸体处理

在兽医防疫实践中,常用化学药品溶液进行消毒。化学消毒的效果决定于许多因素,如病原体抵抗力的特点,所处环境的情况和性质,消毒时的温度,药剂的浓度,作用时间长短等。在选择化学消毒剂时,应考虑对该病原体的消毒力强,对人畜的毒性小,不损害被消毒的物体,易溶于水,在消毒的环境中比较稳定,不易失去消毒作用(如对蛋白质和钙盐的亲和力要小),价廉易得和使用方便等。

根据化学消毒剂对蛋白质的作用,主要分为:凝固蛋白类的化学消毒剂,如酚(石炭酸)、甲酚及其衍生物(来苏儿、克辽林等)、醇、酸等;溶解蛋白类的化学消毒剂,如氢氧化钠、石灰等;氧化蛋白类的化学消毒剂,如漂白粉、氯胺、过氧乙酸等;阳离子表面活性消毒剂,如新洁尔灭、洗必泰等;醛类及其他消毒剂,如福尔马林、戊二醛、环氧乙烷等。

一、常用消毒剂

1. 氢氧化钠(又名烧碱、火碱、苛性钠)

对细菌、芽孢、病毒和寄生虫卵都有杀灭作用。本品有强烈的腐蚀性,禁用于金属器械及纺织品的消毒,更应避免接触家畜皮肤。

2% 的氢氧化钠溶液(取氢氧化钠 1 kg,加水 49 kg,溶解搅拌均匀即可)常用于病毒及细菌感染时环境及用具的消毒,5% 的氢氧化钠溶液常用于芽孢菌的消毒,10% 的氢氧化钠溶液常用于结核杆菌的消毒。

2. 氢氧化钙(生石灰)

用于多种病毒及其污染物的消毒。石灰粉(氧化钙):取生石灰块 5 kg,加水 1.5～2 kg,化为粉状,用于畜(禽)舍地面、出入口及运动场等的消毒，并有吸潮作用，过久无效。10% ~20% 的石灰乳液：生石灰块 5 kg，加水 5 kg 搅拌成糊状后，再加水到 25 ~ 50 kg 混匀，用于涂刷畜（禽）舍墙壁等，现配现用。

3. 漂白粉（含氯石灰）

对细菌、病毒均有杀灭作用，多用于环境和饮水的消毒。10% ~20% 漂白粉混悬液：取漂白粉 5 kg，加水 5 kg 充分搅拌，能杀灭细菌、病毒及炭疽芽孢，用于圈舍、车辆、场地、排泄物等的消毒。饮水消毒，每升水中加入 0.3 ~1.5 g 漂白粉。污水池消毒，1 m^3 水中加入 8 g 漂白粉。漂白粉应临时配用，具有腐蚀性，避免用于金属器械的消毒。

4. 70% ~75% 酒精（乙醇）溶液

取 95% 的乙醇 71.84 ~ 77.2 ml，加蒸馏水至 100 ml，混匀，用于皮肤、针头、体温计等消毒。

5. 5% 碘酊

碘片 5 g，碘化钾 2.5 g，先取碘化钾加适量酒精溶解后，再加入碘片研磨，使其完全溶解，加 75% 乙醇至 100 ml。外用有强大的杀菌力，常用于皮肤消毒。饮水消毒，每升水加入 5% 碘酊 8 ~ 10 滴，振荡 15 分钟，可杀灭细菌供饮用。忌与甲紫溶液、汞溴红溶液同用。

6. 5% 碘甘油

碘片 5 g，碘化钾 5 g，蒸馏水 5 ml，加甘油至 100 ml。取碘化钾加水溶解，加入碘片完全溶解后，加入甘油至 100 ml。局部用于口腔黏膜、泄殖腔黏膜等炎症和溃疡。1% 碘甘油可用于鸡痘、鸽痘局部的涂擦。

7. 苯酚（石炭酸）

对细菌、真菌和病毒有杀灭作用，对芽孢无作用。2% ~5% 的石炭酸水溶液：取苯酚 0.2 ~ 0.5 kg，加水至 10 kg 搅拌均匀。用于圈舍、污物、蛋箱等消毒，注意对皮肤有刺激作用。

8. 甲酚皂溶液（来苏儿）

毒性较苯酚小，杀菌作用更强，对细菌、真菌和病毒有杀灭作用，但难以杀灭芽孢。5% 甲酚皂溶液：取来苏儿液 2.5 kg，加水 47.5 kg 搅匀，用于畜禽舍、排泄物及场地等的消毒。1% ~2% 甲酚皂溶液用于体表、手和器械的消毒。

9. 10%臭药水(克辽林)

取臭药水 5 kg,加水 45 kg 混合均匀,即成10%乳状液。用于圈舍、场地及用具的消毒,3%的溶液可驱除体外寄生虫。

10. 高锰酸钾

高锰酸钾是一种强氧化剂,常用于饮水罐、水槽和食料槽的消毒,也用于皮肤、腔道的冲洗。0.1%～0.2%高锰酸钾溶液:取高锰酸钾粉 1～2 g,加水 1 L,溶解搅匀即可。0.1%的溶液用于腔道冲洗,0.2%的溶液用于皮肤创伤消毒。

11. 福尔马林

为甲醛的水溶液,粗制福尔马林为含36%甲醛(W/V)的水溶液。福尔马林的杀菌作用,一般认为是甲醛与微生物蛋白质的胺基结合,引起蛋白质变性所致。2%～4%水溶液用于喷洒墙壁、地面、饲槽等,1%水溶液可作畜体体表消毒。

福尔马林常用作畜舍、孵花器等的熏蒸消毒。待消毒的畜舍应先将饲料、粪便等清扫干净,门窗和通气孔密闭。按每立方米空间用 12.5～50 ml,加等量水一起加热蒸发,以提高湿度。无热源时,也可加入高锰酸钾(30 g/m^3)即可产生高热蒸发。

12. 过氧乙酸(冰醋酸)

本品为强氧化剂,能杀死细菌、真菌、芽孢和病毒。纯品为无色透明液体,易溶于水,市售成品有40%水溶液。

5%溶液(取40%水溶液 12.5 ml,加水 72.5 ml,混匀即可)用于喷雾消毒密闭的实验室、无菌室、仓库等,用量为2.5 ml/m^3;0.5%溶液用于喷洒消毒畜舍地面、墙壁、食槽等;0.2%～0.3%溶液喷雾,可用作 10 日龄以上雏鸡和成鸡的带鸡消毒。

二、消毒方法

消毒的目的是消灭被传染源散播于外界环境中的病原体,以切断传播途径,阻止疫病继续蔓延。根据消毒目的不同,分为预防性消毒、随时消毒、终末消毒。预防性消毒是结合平时的饲养管理对畜舍、场地、用具和饮水等进行定期消毒,以达到预防一般传染病的目的。随时消毒是在发生传染病时，为了及时消灭刚从病畜(禽)体排出的病原体而采取的消毒措施。消毒的对象包括病畜所在的畜舍、隔离场地，以及被病畜分泌物、排泄物污染和可能污染的一切场所、用具和物品。通常在解除封锁前，进行定期的多次消毒，病畜隔离舍应每天和随时进行消毒。终末消毒是在病畜解除隔离、痊愈或死亡后，或者在疫区解除封锁前，进行定期的多次消毒，病畜隔离舍应每天和随时进行消毒。

(一)机械性清除

采用清扫、洗刷、通风等方法清除病原体，清扫出来的污物，根据病原体的性质，进行堆沤发酵、掩埋、焚烧或其他药物处理。清扫后的房舍地面还需喷洒化学消毒药或其他方法，才能将病原体消灭干净。

(二)物理消毒法

阳光、紫外线、干燥、高温、蒸汽等均能杀灭病原体，应根据不同消毒对象选择合适的消毒方法。

(三)化学消毒法

在兽医防疫实践中，常用化学药品的溶液进行消毒。化学消毒的效果决定于许多因素，在选择化学消毒剂时应考虑对该病原体的消毒力强、毒性小、易溶于水、价廉易得和使用方便等。

三、病死畜禽尸体的处理

病死畜禽尸体要及时处理，严禁随意丢弃，严禁出售或作为饲料再利用。

处理病死禽畜尸体应采用焚烧炉焚烧的方法，在养殖场比较集中的地区设置焚烧设施；同时焚烧产生的烟气应采取有效的净化措施，防止烟尘、一氧化碳、恶臭等对周围大气环境的污染。不具备焚烧条件的养殖场应设置两个以上安全填埋井，填埋井应为混凝土结构，深度大于 2 m，直径 1 m，井口加盖密封。进行填埋时，在每次投入畜禽尸体后，应覆盖一层厚度大于 10 cm 的熟石灰，井填满后，用黏土填埋压实并封口。

第二章　临床诊断与治疗

第一节　病畜禽的一般检查

一、外貌检查

（一）精神状态

观察病畜禽的精神状态，主要注意面部的表情和眼、耳、尾的活动以及防卫性反应等。健康动物对外界各种刺激都能做出相应的反应，一旦患病后，精神常表现为兴奋或沉郁。兴奋状态时，狂奔乱跳、嘶鸣吼叫、烦躁不安、不可遏制；精神沉郁时，表现低头耷耳、反应迟钝、离群呆立。

（二）营养状态

营养状况主要是指被（羽）毛状态和肋、臀部肌肉的丰满程度。营养良好的畜禽其被（羽）毛光亮，皮肤富有弹性，肌肉发达，轮廓丰圆；病畜禽则体况瘦弱被毛粗乱，皮肤缺乏弹性，轮廓明显。

（三）姿势与体态

健康畜禽结构匀称、肌肉结实，在运动或静止时其姿态自然，立卧和运动均有其固有姿势。但在患病情况下，常出现一些反常的姿势，如站立不稳、转圈运动、盲目行走等，这为诊断疾病提供了重要的依据。

二、被（羽）毛和皮肤检查

（一）被（羽）毛检查

健康畜禽的被（羽）毛，平整具有光泽，生长致密且不易脱落；患病畜禽则被毛粗乱蓬松无光泽，且干燥易断或脱落。如患部脱毛，伴有皮肤增厚、变硬、擦伤和啃咬等，见于湿疹或寄生虫病；鸡的肛门羽毛脱落、光秃，常见于鸡的啄肛癖。

（二）皮肤检查

主要检查病畜禽皮肤颜色、气味、温度、湿度、弹性、颜色、肿胀和发疹等。

1. 皮肤颜色

病畜禽皮肤苍白灰暗是贫血、出血、下痢、维生素缺乏的征象，白猪皮肤发红是充血、出血的结果。下腹部和股内侧皮肤呈弥漫性小点状出血，指压不褪色，主要见于猪瘟；斑点状发红，见于猪肺疫；皮肤有青紫色、菱形、四方形等，大小不一的红疹块，见于猪丹毒；鸡冠、肉髯苍白，见于球虫病等。

2. 皮肤气味

患病动物皮肤的气味异常，如尿毒症有尿臭味，牛酮病有烂苹果样的丙酮气味，皮肤坏疽有尸臭味等。

3. 皮肤温度

不同部位的皮温稍有差异。一般可用手背或手掌轻触皮肤，或以手握着耳朵、四肢感觉其温度。皮温全身性增高，见于热性病；局部性增温，见于局部炎症；皮温降低，耳壳、鼻端、四肢冰凉，常见于大失血、长期腹泻、某些中毒病以及心力衰竭等；皮温不整，对称部位有冷热差异，是血液循环和神经调节发生障碍，局部血管发生痉挛性收缩的结果。

4. 皮肤湿度

畜禽皮肤湿度受出汗影响。健康动物在安静状态下，皮肤干湿合适，牛、羊、猪、犬等鼻端部始终保持湿润或带有露水珠样汗液。如鼻镜发生干燥，甚至龟裂时，多为病态，常见于急性热性病；全身出汗，见于剧痛性疾病、中暑等；局限性出汗，见于末梢神经损伤。

5. 皮肤弹性

检查皮肤弹性时，用手将动物颈部或背部皮肤捏皱提起后随即放开，观察皱褶消失的快慢。健康动物皮肤皱褶迅速恢复原状；若皱褶消失缓慢，说明皮肤弹力减退或丧失，常见于营养障碍、严重脱水、慢性皮炎、湿疹等。

6. 肿胀

皮肤肿胀多为局部性的，常见的有气肿、水肿、血肿、脓肿及象皮肿等。

(1)气肿：气体积聚在皮下，边缘轮廓不清，触之有捻发音和气体窜动感，多为皮肤损伤或厌氧菌感染所致。

(2)水肿：又称浮肿，多发于胸腹下、阴囊、四肢及眼睑皮下。肿胀界限不清，犹如生面团，指压留痕，多见于心内膜炎、贫血、肾炎、鸡的维生素缺乏症等。

(3)血肿：特点是迅速肿起，局部微热，肿胀界限明显，触之有波动感，穿刺有血液。

(4)脓肿：初期有明显的炎性反应，中央部逐渐变软，触之有波动，穿刺有脓汁。

(5)象皮肿：是以皮肤变硬变厚、无痛无热、缺乏移动性为特征，常见于慢性皮炎等。

7. 皮肤发疹

临床上常见的有丘疹、荨麻疹、水疱及脓疱等。

(1)丘疹：呈圆形的米粒至豌豆大的皮肤隆起，见于马传染性口炎、湿疹等。

(2)荨麻疹：皮肤突发核桃大或鸡蛋大鞭痕状隆起，剧痒，来得急、去得快，不留痕迹，见于血清病、昆虫刺螫或突然更换高蛋白饲料时。

(3)水疱及脓疱：皮肤隆起如黄豆大的小疱，内含透明液体的称为水疱，含脓汁的称为脓疱，多见于猪水疱病、口蹄疫、湿疹、犬瘟热等。

三、淋巴结检查

检查体表淋巴结主要靠触诊，必要时也可穿刺检查其内容物。触诊时要注意淋巴结的大小、形状、硬度、温度、敏感性和移动性。对马通常只检查下颌淋巴结，牛、羊还可摸到肩前淋巴结、股前淋巴结和乳房上淋巴结，猪和肉食动物正常情况下体表淋巴结不易触及，只有在病理情况下方可触及，其位置与大家畜大致相同。

（一）主要体表淋巴结的位置及检查方法

1. 下颌淋巴结

牛的位于下颌间隙的稍后方，呈卵圆形，如小核桃大；马的位于下颌间隙两侧稍后方，其前部不易触摸，后部可摸到的部分如蚕豆大。检查时将手指伸入下颌间隙内侧，前后滑动触摸。

2. 肩前淋巴结

位于肩关节的前上方，在臂头肌的下面。检查时，手指在肩关节前上方，沿冈上肌前缘用力插入组织中，将手指前后滑动，可感到圆而坚实的淋巴结。

3. 膝上淋巴结

位于股阔筋膜张肌前缘的疏松组织中，大约在髋结节和膝盖骨的中间，位置较浅。检查时，一手由动物膝皱褶的内侧向上深深插入，另一手由皱褶外侧配合，上下滑动触摸。

4. 乳房上淋巴结

检查时在乳房背侧用手指左右触压。

（二）淋巴结的病理变化

1. 淋巴结急性肿胀

急性肿胀的特征是体积增大、坚硬、表面光滑、活动性小、灼热而有疼痛，常见于马腺疫、急性鼻疽、流感、结核、咽喉炎、鼻卡他等。体表淋巴结均肿大，见于牛白血病和泰氏焦虫病等；乳房上淋巴结肿胀，见于乳房炎。

2. 淋巴结慢性肿胀

无热、无痛、坚硬、无移动性是慢性肿胀的特点。主要见于马的慢性鼻疽，牛的结核病和放线菌病。

3. 淋巴结化脓

是急性炎症高度发展的结果。淋巴结明显增大，皮肤紧张，热而有疼痛。肿胀成熟后，皮肤变薄，破溃流脓。最常见于马腺疫；牛羊结核病和伪狂犬病也见有淋巴结化脓；肩前淋巴结化脓见于猪结核病；骆驼患化脓性葡萄球菌病时，全身淋巴结均肿胀化脓。

四、体温测定

恒温动物的体温，早晨体温略低，下午略高，温差在1℃以内。

（一）测温部位

家畜的体温在直肠内测定，禽类在翼下测定，也可测其泄殖腔温度。

（二）测温方法

测温前必须将体温计的水银柱甩至35℃以下，用消毒棉擦拭并涂以滑润剂。然后把体温计徐徐捻转插入直肠内，用体温计夹子夹在尾根部固定，保持3～5分钟后取出，擦净体温计上的粪便，查看水银柱的刻度数。给牛测温时，人可站于牛的后方抬起其尾巴，另一只手将温度计旋转插入直肠内固定；给猪测温时，可搔其皮肤，使其安静后再测；犬、猫及貂、狐等动物，要用器械保定，在畜主或助手帮助下进行测温；剧烈运动或暴晒的病畜，须休息半小时后再测温。

（三）体温的病理变化

动物在病理情况下，体温出现超出生理范围的升高或降低的变化。

1. 体温升高

体温高于正常范围，并伴有各种症状的称为发热。

（1）据发热的程度分为：微热，体温升高0.5～1℃，见于口腔炎、胃卡他等轻微的病程。中热，体温升高1～2℃，见于胃肠炎、支气管炎、咽喉炎等一般性炎症。高热，体温升高2～3℃，见于流感、胸膜炎、猪瘟、口蹄疫等急性或广泛性炎症。过高热，体温升高3℃以上，见于猪丹毒、肺疫等严重传染病。

（2）据体温曲线分为：把每日上午、下午检温的结果记录在特制的体温曲线表格内连成曲线，称为热曲线。稽留热，高热持续数天以上，而日昼夜温差在1℃以内的，见于流感、大叶性肺炎、猪瘟等。弛张热，体温日差变动在1℃以上而不易恢复至常温的，见于支气管肺炎、化脓性疾病等。间歇热，发热期与无热期交替出现，见于慢性结核病、锥虫病、马慢性传染性贫血等。

2. 体温降低

动物体温在常温以下，见于某些饲料中毒、大出血、产后瘫痪、休克、濒死期等。

五、可视黏膜的检查

可视黏膜包括眼结膜、口腔、鼻腔、阴道的黏膜。临床上主要是检查眼结膜，观察其颜色的变化。健康家畜眼结膜呈淡蔷薇红色，牛稍淡，羊最淡，水牛最深，猪的为红色。当兴奋、运动、外界气温高或结膜受刺激时，色泽变深。

（一）检查眼结膜的方法

检查牛时，用手持角提举，使头扭向一侧，即可观察巩膜；要检查结膜时，用拇指将下眼睑压开即可。检查猪、羊、犬、猫等中小动物时，用两手拇指拨开眼睑进行观察。检查马时，一手抓住笼头，另一只手用最后3指放在颧弓上固定，用食指撑开上眼睑，拇指翻开下眼睑，即可检查结膜和瞬膜。

（二）眼结膜颜色的病理变化

1. 结膜苍白

结膜色淡，甚至苍白，是贫血的特征。大失血、肝脾等内脏破裂、内寄生虫病、营养性贫血、慢性消化不良等，都可引起结膜苍白。

2. 结膜潮红

结膜呈弥漫性潮红，是结膜充血的特征。眼病、胃肠炎及各种急性传染病、脑炎及伴有血循环严重障碍的心脏病等，都可引起结膜潮红。

3. 结膜黄染

结膜黄染，是血液中胆红素含量增多的表现。肝脏病、胆道阻塞、十二指肠卡他、溶血性疾病和钩端螺旋体病等都可引起结膜黄染。

4. 结膜发绀

结膜发绀即可视黏膜呈蓝紫色，是血液中还原血红蛋白增多的表现。各种肺炎、肺机能障碍、胸膜炎、心脏病、心力衰竭、某些中毒病等都可引起结膜发绀。

5. 出血点（或斑）

是血管通透性增大所致。马传染性贫血、血斑病、焦虫病等常引起结膜点（斑）状出血。

第二节 病畜禽的系统检查

一、血液循环系统检查

家畜循环系统发生疾病时，会引起全身机能障碍，而其他器官的疾病也可影响循环系统。因此，检查循环系统，有利于疾病的诊断和了解全身机能状态，主要采用视诊、触诊、叩诊及听诊等方法。

（一）心脏检查

各种动物的心脏一般均在胸腔下 1/3 处，第三至第六肋骨间，偏于胸腔正中线的左侧，与左侧胸壁接触，故检查心脏时一般在左侧。

1. 心搏动检查

当心室收缩时左侧一部分冲击胸壁而感到震动，称为心搏动。心搏动与第一心音同时出现，检查时视诊和触诊在左侧进行。

（1）心搏动的检查方法：各种动物的心搏动均在肘头稍后上方第三至第五肋间心区部（猪、羊、牛在第三至第五肋间，马在第四至第五肋间，犬在第四至第六肋间），以第四肋间最明显，可以看到被毛微微颤动。触诊检查马、牛等大动物的心搏动，用手掌触压肘头后方的胸壁上（牛需插入肘头内侧），可感知胸壁颤动。检查犬等中小动物时，可将其左前肢前提，将手掌置于心脏部位即可。胸部皮下肌肉较薄或显著消瘦的动物，心搏动较强；营养良好的动物，心搏动较弱。

（2）心搏动病理变化：①心搏动增强，指心搏动有力且震动面积大，与心肌收缩力加强有关。见于心肌炎及心包炎、热性病、急性心内膜炎等。②心搏动减弱，即搏动力量弱而震动面积小，与心肌收缩力减弱或心脏与胸壁的距离加大有关。见于浮肿、气肿、严重心力衰竭、渗出性胸膜炎等。③心搏动移位，多由于心脏被发生病变的邻近器官或病理产物压迫所引起。向前移位见于胃扩张、肠臌胀等，向一侧移位见于胸膜炎或肿瘤等。

2. 心音的检查

心音是随心室收缩与舒张活动而产生的两个有节律、相互交替发生的声音。心脏听诊是检查心音的重要方法，一般采用间接听诊法。

（1）心音的发生：健康动物的每个心动周期，都可以听到低、高两个声音。前一个声音的音调低、钝浊、持续时间长、尾音也长，是心室收缩时、两房室瓣同时关闭而发生的振动音，称为缩期心音或第一心音；后一个声音音调高、响亮而短、尾音消失快，是心室舒张时主动脉、肺动脉根部的半月状瓣同时关闭而发生的振动音，称为张期心音或第二心音。第一心音与第二心音的间隔，比第二心音距离下一次第一心音的时间短。

（2）心音听诊的方法：听诊心音时，应将动物头部固定，并将检查侧的前肢拉向前方，使心区充分暴露。然后用听诊器在肘头后上方的心区部听取。

（3）心音最强听取点：在胸壁的相应位置，距两房室瓣口和两动脉瓣口最近的部位，听取心音最清楚，这个部位称为心音最强听取点（表 1）。在心脏区域的任何部位，都可以听到两个心音。

表 1　各种家畜心音最强听取点

畜别	第一心音		第二心音	
	二尖瓣口	三尖瓣口	主动脉瓣口	肺动脉瓣口
猪	左侧第四肋间，主动脉瓣口远下方	右侧第三肋间，胸廓下1/3中央水平线上	左侧第四肋间，肩关节线下一、二指处	左侧第三肋间，胸廓下1/3 中央水平线下方
牛、羊	同猪	同猪	同猪	同猪
马	左侧第五肋间，胸廓下1/3的中央水平线上	右侧第四肋间，胸廓下1/3的中央水平线上	同牛、羊	同牛、羊
犬	同马	右侧第四肋间，肋骨和肋软骨结合部	左侧第四肋间，肱骨结节水平线上	左侧第三肋间，靠近胸骨边缘处

(4)心音频率的改变:正常心脏跳动是有节律的,心音的强弱和间隔也一致。心率是依每分钟的心动周期数来计算的。每个心动周期可听到两个心音,即为一次心率。一般情况下,心率和脉率是一致的,可以用心率代替脉率,但在某些病理状态下,如心力衰竭时,脉率可少于心率。心率的改变有窦性心动过速和窦性心动过缓。①窦性心动过速,兴奋来自窦房结,由于兴奋起源发生紊乱,使心率均匀而快速,可超过正常值上限。在猪、牛每分钟心率超过 90 次,犊牛超过 120 次,马超过 60 次。常见于热性病及心力衰竭。②窦性心动过缓,由于兴奋形成发生障碍或迷走神经紧张性增高所致。其心率低于正常值下限,如成年乳牛在 60 次以下,马在 25 次以下,见于黄疸、洋地黄中毒等。

(5)心音强度的改变:通常第一心音以心尖部较强,第二心音以心基部较强。因此,判定心音强弱,必须在心尖部和心基部进行比较听诊。心音的强弱变化,可能表现两个心音同时增强或同时减弱,也可能单纯表现某一个心音增强或减弱。①心音增强,两心音同时增强,健康动物兴奋或运动后,以及消瘦胸廓狭窄的动物常见。在病理状态下,见于热性病初期、剧痛性疾病及心脏肥大、贫血或失血等。第一心音增强,多由于左心室血容量较少,收缩期相应缩短,左心室内压迅速上升,二尖瓣突然紧张而关闭所致,多见于腹泻、失血等。第二心音增强,多由于肺动脉的血压升高,心室舒张时,半月状瓣迅速而紧张地关闭所致,多见于肾炎、心脏肥大等。②心音减弱,健康营养良好的动物,两心音常较弱。在病理状态下,两心音减弱,见于心包积液、胸腔积液、心力衰竭等。单纯第一心音减弱很少见。第二心音减弱比较多见,主要见于血容量减少的疾病,如大失血、严重脱水、心脏严重衰竭、主动脉瓣闭锁不全等。

(6)心音性质的改变:临床常见的心音性质的变化有心音混浊和金属样心音两种。①心音混浊,即心音低浊,两心音的界限不清楚。主要是心肌变性或心脏瓣膜有一定病变,使瓣膜振动能力改变所致。常见于如猪瘟、猪丹毒、猪肺疫、牛肺疫、牛结核及幼畜白肌病等。②金属样心音,心音异常高朗、清脆,带有金属音。见于破伤风或邻近心区的肺空洞和心包积气等。

(7)心音分裂与重复:第一心音或第二心音分裂为两个声音。其两音间隔较短者,称为心音分裂;其间隔较长者,称为心音重复。心音分裂与心音重复的临床意义相同,因而目前把二者统称为心音分裂。①第一心音分裂是由于两个房室瓣不同时关闭的结果。第一心音分裂在安静后即消失,无诊断意义。②第二心音分裂是由于两个动脉瓣不同时关闭的结果,与主动脉或肺动脉血压高低有关。如左房室口狭窄时,左心室内血量减少,主动脉血压降低,则左心室驱血期短,主动脉瓣先期关闭;小循环淤血时,肺动脉血压升高,则右心室驱血期延长,肺动脉瓣关闭较晚,均出现第二心音分裂。故临床上出现第二心音分裂即为病态。

(8)心音节律的改变:动物的正常心音节律是规则的,心音的快慢、强弱及间隔是一致的。由于某些病理因素的影响,心音出现快慢不一、强弱不定、间隔不等,称为心律不齐。临床上常见的有期前收缩、阵发性心动过速、心动间歇等。①期前收缩,又称过早搏动,是由心房或心室肌发出的,早期兴奋而引起的,比正常心跳提前出现的搏动。一般期前收缩的第一心音增强,第二心音减弱,有比较长的间歇期。一般偶尔出现的期前收缩诊断意义不大,频发性期前收缩多见于心肌病、重危疾病等。②阵发性心动过速,在正常心律中,连续发生 3 次以上期前收缩的快速心律,称为阵发性心动过速。每次发作持续时间一般为数分钟至数小时。常见于心力衰竭和重危疾病。③心动间歇,心脏在正常跳动中突然停止一次的心律,称为心动间歇。它是由于心肌的病变波及传导系统,使兴奋冲动不能顺利向下传递发生传导阻滞而引起。心动间歇见于洋地黄、奎尼丁中毒及迷走神经过度紧张等。

(9)心脏杂音:心脏杂音是心音以外持续时间较长的附加声音,它可与心音分开或相连续,甚至完全将心音遮盖。其音性与心音完全不同,有的如吹风样、锯木样,有的如哨音、皮革摩擦音。按其发生部位可分为心内杂音和心外杂音。①心内杂音,心内杂音的最强听取点,与心音最强听取点完全相同,心内杂音发生于心腔内。按心脏瓣膜或瓣口有无形态学变化,分为器质性杂音和非器质性杂音(又称功能性杂音)。器质性杂音,是由于心脏瓣膜增生、肥厚等形态变化,使瓣膜闭锁不全或瓣口狭窄所引起。特点是声音尖锐、粗糙,如锯木音或“咝咝”音,并且长期存在。运动或用强心剂后,杂音增强。按杂音发生的时期,又分为缩期杂音和张期杂音。缩期杂音，见于左、右房空瓣闭锁不全和主、肺动脉瓣口狭窄；张期杂音，见于左、右房室口狭窄和主、肺动脉瓣闭锁不全。非器质性杂音，常见有相对关闭不全性杂音，瓣膜和瓣口无形态变化，但因心室扩张，造成瓣膜相对闭锁不全而产生的杂音；另一种是贫血性杂音，由于血液稀薄，血流速度加快，振动瓣膜和瓣口而引起。其特点是声音不稳定、音性柔和，运动或用强心剂后，相对闭锁不全性杂音减弱或消失，而贫血性杂音则有增强的趋势。②心外杂音，是心包或靠近心区的胸膜发生病变而引起。其特点是随心搏动而产生，听之距耳较近，有的如在耳下，一般很明显，杂音较固定并可长时间存在。心外杂音可分为心包摩擦音、心包胸膜摩擦音、心包拍水音。心包摩擦音是在心包炎时，由于两层粗糙的膜面相互磨檫而发生的音响，常见于牛创伤性心包炎初期；心包胸膜摩擦音是心包与胸膜间，由于炎性渗出物沉着，在心搏动时即产生此杂音，见于纤维素性胸膜炎；心包拍水音是由于心包发生腐败性炎症时，多量的液体和气体随着心脏搏动，而产生的类似河水击打河岸的声音。

（二）动脉、静脉检查

1. 动脉检查

在兽医临床上检查动脉搏动，包括脉数、脉性和脉律的检查。

（1）脉数：指每分钟搏动的次数。在正常情况下，马为26～24次、牛40～80次、羊70～80次、猪60～80次、骡42～54次，在病理状态下脉搏增加常见于热性病、剧痛病、中毒病等；脉搏减少见于脑病、中毒病等。

（2）脉性：判定脉性，主要是用检查脉搏的大小、强弱、充盈度、紧张性等。① 健康家畜的正常脉性：动脉弹性良好，紧张度适中，脉搏充实有力，强度一致，间隔相等。② 脉性的病理改变。强脉和弱脉：若脉搏强大有力，动脉管充实，比正常脉显著，称为强脉，见于健康动物运动、热性病的初期或心脏代偿机能亢进等；若脉搏弱小无力，脉管振幅小，称为弱脉，见于发热性病、心力衰竭、中毒病后期。硬脉和软脉，脉管紧张，对检指抵抗力大，称为硬脉，见于破伤风、剧痛病等；脉管弛缓，对检指抵抗力小，称为软脉，见于心力衰竭、失血等。速脉和迟脉，脉管内压力快速升降，称为速脉；脉管内压力升降迟缓，称为迟脉。实脉和虚脉，检指感到脉管的内径大，称为实脉，见于血液总量充足，心脏活动良好时；检指感到脉管的内径小，称为虚脉，见于大失血、脱水等病。

(3)脉律：脉律是指脉搏的规整性和时间间隔。健康家畜的脉性平和，间隔均等，强弱一致，称为节律脉。在病理情况下，脉搏忽强忽弱，或忽快忽慢，甚至出现间歇，称为节律不齐。见于心脏病、中毒、黄疸等。

2. 静脉检查

主要是检查体表静脉淤血和静脉搏动情况。

体表静脉淤血有全身性和局限性两种情况：全身性静脉淤血，是因全身静脉血回流受阻所致，严重时可伴有水肿和体腔积液等，见于心肌营养不良、心包炎、房室瓣口关闭等；局限性静脉淤血，是局部静脉血回流受阻所致，见于局部肿瘤、血管栓塞等引起的静脉扩张。

静脉搏动以颈静脉最为明显，是从颈静脉基部传播至颈上部的波动。检查静脉搏动，常用静脉搏动试验法，即以手指用力压住颈静脉中部，观察静脉搏动的情况。阳性搏动时远心端的颈静脉搏动消失，近心端的颈静脉搏动仍然存在，甚至加强；阴性搏动时，远心端及近心端的颈静脉搏动均消失；假性静脉搏动时，指压的两端颈静脉搏动都仍然存在。

二、呼吸系统检查

(一)呼吸运动的检查

呼吸运动是指胸廓节律性扩张和收缩的运动。

1. 呼吸数检查

在安静状态下，健康畜禽1分钟内的呼吸次数，马为8～16、牛10～30、羊12～20、家兔50～60、家禽15～30、猪10～20。病理状态下，呼吸次数增多见于贫血、中毒等，呼吸次数减少见于脑炎、疾病后期等。

2. 呼吸式检查

所有健康动物(除犬外)的呼吸型均属胸腹式呼吸，即胸壁、腹壁都参与运动。当发生疾病时，可出现胸式呼吸或腹式呼吸。

(1)胸式呼吸：呼吸时胸壁起伏动作比较明显，腹壁运动微弱。多发生于妨碍隔肌和腹肌运动的疾病，如腹膜炎、瘤胃积食、急性肠臌胀、膈肌炎、急性胃扩张等。

(2)腹式呼吸：呼吸时腹壁起伏动作比较明显，胸壁运动微弱。见于妨碍胸壁运动的疾病，如心包炎、胸膜炎和肋骨骨折等。

3. 呼吸节律的检查

健康动物的呼气和吸气呈节律性交替进行。一般吸气短，而呼气略长。病理状态下，常见的呼吸节律变化有下列几种：

（1）断续性呼吸：即呼吸过程中，出现间断性的吸气或呼气动作。见于细支气管炎、胸腹膜炎等。

（2）潮式呼吸：呼吸逐渐加深加快，当达到高峰后，又逐渐变浅变慢，而后呼吸暂停，经数十秒后，呼吸重新以上述方式开始。见于心力衰竭、尿毒症、脑炎、肺炎和某些中毒病等。

（3）间歇呼吸：间歇呼吸表现为连续几次均匀的呼吸与呼吸暂停交替出现，较潮式呼吸更为严重。见于脑炎、尿毒症、中毒病。

（4）深长呼吸：呼吸运动显著深长，呼吸频率减少，是呼吸中枢衰竭的晚期表现。见于呈昏迷状态的疾病，如代谢性酸中毒、糖尿病、尿毒症等。

4. 呼吸困难

呼吸困难表现为呼吸费力，并有呼吸频率、强度和节律的改变。

（1）吸气性呼吸困难：主要是气体通过上呼吸道发生障碍。表现为吸气用力，时间延长，鼻孔开张，头颈伸直，肘向外展，肋骨上举，肛门内陷，并常听到类似哨声样的狭窄音。见于鼻炎、咽喉炎、气管狭窄的疾病等。

（2）呼气性呼吸困难：主要是肺内空气排出发生障碍。表现为呼气用力，时间延长，弓背缩腹，肋窝变平，腹部容积缩小，肛门外凸，呈明显的两段呼气。常见于细支气管炎和慢性肺气肿等。

（3）混合性呼吸困难：主要是由于肺呼吸面积减少，或肺呼吸受限制，肺内气体交换障碍，致使血中二氧化碳蓄积和缺氧。表现为吸气和呼气都困难，而且呼吸次数增多。见于肺炎、胸膜炎、中毒病等。

（二）上呼吸道检查

1. 鼻腔检查

鼻腔检查时应注意黏膜色泽、肿胀、出血斑点、结节、溃疡及瘢痕等。正常鼻黏膜色泽湿润而有光泽，表面有淡红色的小圆点，凹凸不平。

鼻黏膜肿胀常见于流感、急性鼻炎等；鼻黏膜点状出血斑常见于马患传染性贫血及血斑病等；鼻黏膜结节常见于马鼻中隔及鼻翼软骨内侧；鼻黏膜溃疡常见于鼻疽、鼻炎等；鼻黏膜水疱常见于水疱病、口蹄疫等；鼻黏膜瘢痕常见于各种外伤等。

2. 鼻液检查

鼻液是呼吸道黏膜的分泌物。健康的家畜，除猪、牛、羊等有少量浆液性鼻液外，其他均无鼻液。如有鼻液流出，即为病态。浆液性鼻液为无色透明，呈水样滴出，见于感冒及鼻卡他初期；黏液性鼻液为黏稠不透明灰白色液体，见于呼吸道黏膜炎症中期；脓性鼻液为黄色或黄绿色的黏稠混浊物，见于呼吸道炎症后期；鼻液恶臭，见于坏疽性肺炎、肺脓肿和肺结核等；鼻液中混有血液，见于鼻黏膜外伤、鼻腔内寄生虫、肺出血等；鼻液混有细小泡沫，见于肺水肿和细支气管炎；鼻液中混有饲料残渣，多为咽炎、食管阻塞，应伴有吞咽障碍。

3. 咳嗽检查

咳嗽是呼吸道、胸膜受到刺激时发生的保护性反应。咳嗽发生于喉、气管、支气管、肺和胸膜有炎症时。

最好是听取病畜自然发生的咳嗽，但临床检查时往往不易观察到。此时可用拇指、食指压迫病畜第一、二气管软骨环的上端，以诱发咳嗽。对小动物还可短时间闭塞两侧鼻孔，使其加强呼吸，诱发咳嗽。

根据咳嗽的性质，可分为干咳、湿咳、痛咳和痉挛性咳嗽。干咳声音短而干、强而有力，无痰，见于慢性气管疾病和急性炎症过程的初期；湿咳声音混浊而长，有痰，见于支气管炎、咽喉炎等；痛咳声音微弱、无力，并伴有伸颈摇头、前肢刨地、呻吟不安等表现，多见于胸膜炎、喉炎等；痉挛性咳嗽的特征是家畜发出连续而剧烈的咳嗽，多见于呼吸道有异物、异物性肺炎等。

4. 喉及气管检查

(1)视诊和触诊：视诊注意喉部有无肿胀，气管有无变形等；触诊可以确定喉及气管肿胀、疼痛和增温的程度。喉部肿胀多见于炭疽、肺疫、喉炎和腺疫等；触压气管敏感，并发咳嗽，多为气管炎的表现。

(2)听诊：在健康家畜的喉部和气管听诊时，可听到一种类似“哈”的声音，称为喉呼吸音。喉呼吸音传至气管，称为气管呼吸音。当喉或气管黏膜发生炎症时，在喉或气管听诊，可听到干啰音或湿啰音，见于支气管炎、气管炎。

（三）胸部检查

1.视诊

健康动物胸廓对称。视诊时应注意胸廓形状，胸壁有无外伤、肿胀及其他病变。发育不良或患佝偻病、骨软症时，胸廓多狭窄而扁平；一侧气胸或一侧性胸膜炎时，则胸廓不对称。

2.触诊

胸膜炎时触诊胸壁敏感，如局部发生炎性肿胀、外伤、骨折等，患畜会因疼痛而反应敏感抗拒检查；病畜患佝偻病时，在肋骨与肋软骨结合部可触摸到串珠状的肿胀。

3.叩诊

根据叩诊音的变化，判定胸腔和肺脏的病理变化。通常大家畜用槌板叩诊法，小家畜则用指叩诊法。

（1）肺的正常叩诊区：不同家畜肺的叩诊区稍有差异，在胸部大都略呈三角形。确定肺的叩诊界，家畜的前界和上界基本相同，前界为自肩胛骨后角，沿肘肌向下所划的直线；上界为与脊柱平行的髂肋肌沟；后下界则不同，不同家畜稍有差异。首先可设定3条假定水平线，第一条线为通过髋结节的水平线；第二条线、第三条线为分别通过坐骨结节和肩端水平线。将此3条水平线与不同肋骨的交点连成一弓形曲线，即为听诊区的后下界。

（2）肺的正常叩诊音：健康家畜肺部的正常叩诊音为清音，音响强、音调低，时间较长，尤以肺中部为最明显，边缘部位音较弱而钝浊。

（3）肺叩诊区的病理变化：主要表现为扩大和缩小。肺叩诊区扩大，是肺泡内气体增多、肺容积增大的结果，见于急、慢性肺泡气肿。肺叩诊区缩小，多为附近组织器官膨大、压迫肺部，或因肺组织萎缩而引起，见于心包积液、肺萎缩、胃扩张等。

（4）肺部的病理叩诊音：①浊音，声音钝浊，类似叩打肌肉的音响。当肺组织实变而形成无气肺所致，见于大叶性肺炎的肝变期、胸膜炎等。②半浊音，声音弱而钝浊，稍带清音调，类似叩打肺界边缘的音响。当肺泡内含气量减少时，叩诊呈半浊音，见于支气管肺炎等。③水平浊音，叩诊时浊音上界呈水平，浊音持续时间长。当胸膜腔积有大量液体时，叩诊呈水平浊音，见于渗出性胸膜炎等。④鼓音和过清音：音调清高，音响震动的时间较长，是由于肺泡内含气量增多、伴有肺泡弹性减退所致，见于坏疽性肺炎、肺脓肿、大叶性肺炎、慢性肺泡气肿等。

4. 听诊

临床上多采用间接听诊法。

(1)胸部听诊区：胸部听诊时，先从胸壁的中 1/3 开始，由上而下、由前向后依次进行，直到肺的全部。每个部位听 2～3 次呼吸音，甚至对肺的两侧进行比较听诊。

(2)胸部的正常呼吸音：①肺泡呼吸音：健康动物的生理性肺泡呼吸音柔和，类似"夫夫"的声音。吸气时较明显，时间也长，呼气时短而徽弱，仅在初期能听到。犬、猫等肉食兽的肺泡呼吸音最强，牛和羊次之，马的肺泡呼吸音最弱。②气管呼吸音：在肺前部所谓"支气管区"听到的，称为支气管呼吸音。支气管呼吸音类似"赫"的声音，呼气较吸气强而长。除马外，其他家畜在肺前部第三至四肋间肩关节水平线上下均可听到此音。这不是纯粹的支气管呼吸音，而是带有肺泡呼吸音的混合呼吸音。

(3)肺泡呼吸音增强：肺泡呼吸音均增强，全肺听诊区都能听到粗厉的"夫夫"音，为呼吸中枢兴奋的表现，见于热性病、急性肺气肿等。肺泡呼吸音局部增强，也称代偿性增强，主要是病变侵害一侧肺或一部分肺组织，不能完成换气功能，周围的健康肺组织发生代偿性呼吸增强，见于纤维素性肺炎、支气管肺炎及渗出性胸膜炎等。

(4)肺泡呼吸音减弱或消失：肺泡呼吸音减弱，是由于进入肺泡内的空气减少所致，见于肺充血、肺水肿、支气管炎、肺炎、胸膜炎等。空气完全不能进入肺泡内时，则肺泡呼吸音消失，见于支气管阻塞，纤维素性肺炎的肝变期。

(5)病理性支气管呼吸音：马肺部听到支气管呼吸音是病理现象，其他家畜在其他部位出现支气管呼吸音也为病理现象。在肺组织发生突变时，胸部可以听到支气管呼吸音，见于大叶性肺炎肝变期等。当大量胸腔积液或肿瘤压迫，造成压迫性肺不张，也可产生支气管呼吸音，见于渗出性胸膜炎等。

(6)啰音：啰音是呼吸道内积聚了分泌物或黏膜发生肿胀所致，是呼吸器官疾病的重要病理现象，分为干性啰音和湿性啰音。①干啰音(或称笛音)：类似笛声、口哨声或"咝咝"声。主要是支气管黏膜肿胀，或支气管壁附着黏稠分泌物，致使管腔狭窄，气流通过时发出持续性的尖锐长音。干啰音常是支气管病变的表现，见于肺结核、支气管炎、支气管肺炎等。②湿啰音(又称水泡音)：类似沸腾或水泡破裂。主要是呼吸道内有液体振动的声音，或气流使液体形成小泡而又破裂的声音。湿啰音的出现，是肺和支气管有病变的表现，见于肺水肿、支气管炎、支气管肺炎。

(7)捻发音：是一种细小均匀、似耳边捻头发的声音，仅在家畜吸气时能听到。捻发音是肺泡内积有少量液体，肺泡壁互相黏合，吸气时气流进入肺泡，黏合的肺胞壁突然被分开所形成的声音。捻发音常是肺实质有病变的表现，见于肺水肿的初期，如支气管肺炎、大叶性肺炎的充血期和消散期等。

(8)胸膜摩擦音：如皮革摩擦音，家畜呼气、吸气都能听到。胸膜摩擦音，是由于胸膜上有纤维素沉着，使胸膜增厚粗糙，随呼吸运动胸膜互相摩擦而产生的声音，见于胸膜炎、大叶性肺炎等。

(9)胸腔拍水音：类似河水浪撞击河岸的声音，家畜吸气与呼气都可听到。这是由于胸膜腔内同时存在气体和液体，随呼吸运动或体位改变引起液体振动产生的声音，见于腐败性胸膜炎等。

三、消化系统检查

(一)采食与饮水检查

1. 食欲检查

食欲是指家畜采食的欲望，食欲的病理性改变主要有以下几方面：

(1)食欲减退或废绝：即采食量减少或不采食。食欲减退见于腹痛病、热性病、胃肠病等；废绝者见于重剧的疾病，是预后不良的表现。

(2)食欲不定：即食欲时好时坏、变化无常，见于慢性消化不良等。

(3)食欲亢进：即食欲极度旺盛，超过正常量，见于重病后的恢复期和糖尿病等。

(4)异嗜:指家畜采食异常,喜吃异物,如泥土、石灰、碎布、粘污的垫草等,见于佝偻病、骨软症及寄生虫病等。

2. 饮欲检查

在病理状态下,家畜可出现饮欲增强和饮欲减退。

(1)饮欲增强:见于高热性病、下痢、大出汗以及渗出性胸膜炎;水貂患阿留申病时,常出现暴饮现象。

(2)饮欲减退:见于伴有昏迷的脑病,重剧腹痛病,某些胃肠病等。

3. 采食、咀嚼和吞咽障碍的检查

健康家畜一般都以唇、舌和齿采食。猪、牛主要靠舌采食,绵羊和山羊用上唇采食。健康家畜饮水,主要是靠唇舌把水吸进口内。

(1)采食障碍:表现为采食方法反常,唇、齿和舌配合不协调,见于唇、舌、牙、颌骨的疾病及各种脑病,如慢性脑水肿、脑炎、破伤风、面神经麻痹等。

(2)咀嚼障碍:主要表现为咀嚼缓慢无力或咀嚼困难。见于口腔黏膜和咽黏膜的炎症、佝偻病、骨软症、放线菌病、神经障碍等。

(3)吞咽障碍:吞咽时或吞咽稍后,家畜表现不安,摇头伸颈、咳嗽,甚至混有食物的唾液和饮水由鼻孔逆出,见于咽部疾病、食管炎等。

4. 反刍检查

反刍是反刍动物消化机能的重要表现,与健康状态有密切关系。健康牛一般在采食后45分钟左右出现反刍,每昼夜5~8次,每次持续40~50分钟,每个食团平均咀嚼40~60次。绵羊和山羊的反刍动作较牛快。在病理状态下,反刍动物容易出现反刍迟缓、稀少、短促、无力、废绝,可见于各种热性病、胃肠炎、前胃弛缓、瘤胃积食、创伤性网胃炎等。

5. 嗳气检查

嗳气是反刍动物正常的生理现象,借助嗳气可将瘤胃内发酵气体排出体外。健康牛平均每小时嗳气15~20次,羊9~12次,采食后1~2小时嗳气最盛。牛嗳气时,可听到嗳气的咕噜音。

在病理状态下,反刍动物易表现嗳气增多(由于瘤胃内异常发酵所引起,见于急性臌胀的初期)、嗳气减少(瘤胃运动机能降低,见于前胃弛缓、瘤胃积食、创伤性网胃炎），嗳气消失（见于前胃机能障碍或食道梗塞等）。其他家畜嗳气都属于病理状态。

6. 呕吐检查

各种动物呕吐都属于病理状态。肉食兽容易发生呕吐，猪次之，反刍动物较难呕吐，马则极难发生。动物呕吐时，表现不安、头颈伸直、站立不稳、全身出汗、发抖、腹肌强烈收缩。如果猪和肉食兽过食时，经常一次呕吐大量正常的胃内容物，而短时间内不再呕吐；如果猪及肉食兽的大肠阻塞，易出现粪性呕吐物；如果胃黏膜长期遭受某种刺激，易引起频繁的呕吐；如果胃、肠有顽固性疾病（如癌肿）或中枢神经系统有严重疾患，易引起顽固性呕吐；如果动物患出血性疾病、中毒性疾病时，呕吐物易混有血液；如果十二指肠阻塞，呕吐物中易混有胆汁。

7. 流涎

流涎就是口腔中的分泌物或唾液流出口外，是唾液分泌异常亢进的病理状态。动物患口腔疾病（如口炎、牙齿疾病、口蹄疫等）、咽下困难（如喉炎、食管疾病等）、中毒性病、神经系统疾病（如狂犬病、破伤风等），可出现口腔大量流涎。

（二）口腔、咽及食管检查

1. 口腔检查

检查口腔，多采用双手或用开口器等将口腔张开，借助手电、反射镜进行检查。口腔检查一定要在良好的保定条件下进行。要注意黏膜的颜色、口腔的气味、温度、湿度、牙齿和舌的状态等。

（1）口色：健康动物口腔黏膜为粉红色且有光泽。口色发红，见于热性疾病；口色青紫，见于血液循环障碍；口色发黄，见于肝或溶血性疾病；口色发白，见于贫血、寄生虫病、大失血等；口腔黏膜有出血斑，见于血斑病。

（2）气味：健康动物口腔无特殊气味。当食欲减退及口腔疾病时，由于饲料残渣及口腔有坏死性炎症，口内易发生异常的臭味。

（3）温度：口腔温度和体温通常是一致的，口腔温度增高除口炎外，常与其他全身性疾病的体温变化一致。

（4）湿度：健康动物口腔湿润度适中。口腔过度湿润或大量流涎，见于各型口炎、咽炎、食管疾病和某些中毒病等;口腔干燥,见于热性病、脱水、胃肠炎。

(5)牙齿:检查牙齿要注意有无异常(锐齿、过长齿、波状齿)、有无松动、脱落或损坏等。牙齿松动、不整,常为矿物质缺乏;门齿出现黄斑,多为慢性氟中毒。

(6)舌:健康动物的舌呈粉红色、有光泽,且活动灵活。如果舌尖垂于口外,难以收回,不能活动,可见于脑炎、中毒病(如肉毒梭菌毒素中毒);舌苔是舌面上的苔样物质,舌苔的厚薄、颜色等变化,通常与疾病的轻重和病程长短有关。舌苔黄厚表示病情重或病程长;舌苔薄白表示病情轻或病程短,见于感冒和热性病的初期。

2. 咽的检查

咽的局部检查可采用视诊和触诊。

(1)视诊:外部视诊时,要注意咽部有无肿胀、吞咽障碍及头颈姿势,如发现动物头颈伸展、咽部肿胀,常为咽炎的表现。禽类、犬、猫、仔猪等,可直接观察咽腔及扁桃体等;马、牛咽内部直接视诊较难,可借助内窥镜经鼻插入咽腔进行检查。

(2)触诊:触诊时健康动物不会引起疼痛,如局部增温和感觉过敏,动物缩头抗拒触压,并伴有吞咽动作或连声咳嗽,除考虑咽炎外,还见于猪的急性猪肺疫、咽炭疽等,牛的咽后淋巴结化脓、结核和放线菌性肉芽肿等。

3. 食管的检查

常采用视诊、触诊和探诊。探诊多用于胸腹部食管的检查。

(1)视诊:注意颈侧有无局限性的隆起,当颈部食管扩张或阻塞时,可呈现轻度的局限性隆起。

(2)触诊:用右手指端沿左侧颈沟由上向下进行触压,直至胸腔入口处。触诊动物食管有疼痛反应,是食管炎的表现;当食管被异物阻塞时,可摸到硬的阻塞物。

(3)探诊:胸部食管梗塞要采用胃管探诊。马、牛等大动物,可用长2~3 m的橡胶或塑料胃管,通过鼻腔插入进行探诊;猪、犬等中小动物,可用长95 cm、外径12 mm的橡胶制胃管,装上开口器后,由口腔插入进行探诊;家禽和猫等小动物,则是用40 cm长、外径4 mm的橡胶管进行探诊。

确实保定好被检动物,固定好头部,并将鼻孔擦拭干净。将胃管涂上润滑油,沿下鼻道缓慢插入胃管,到达咽部感觉有阻力时,不可强行推进,待动物发出吞咽动作时,趁机将胃管插入食管。如动物无吞咽动作时,可揉捏刺激咽部,让其咀嚼诱发吞咽动作。当胃管通过咽部后,应立即向管内吹气,在左侧颈沟下部见有波动,或将捏扁的胶皮球接在胃管上,胶皮球不鼓起来,均表示胃管在食管内,确认后方可推进。遇损伤黏膜出血时,应拔出胃管,停止操作,将动物头高抬,用冷水浇头,可自然止血。如出血不止,应及时采取其他措施。

4. 家禽嗉囊的检查

鸡的嗉囊明显,鸭和鹅仅是该部食管稍膨大,没有真正的嗉囊。视诊可知其容积大小,触诊可知其内容物硬度。嗉囊膨胀柔软,触诊较敏感,其中多为未消化的饲料及腐败食物;触诊硬固,其中多为硬团食物、寄生虫团块或异物梗塞。

(三)腹部检查

主要采用视诊、触诊和听诊,必要时可穿刺采液检查。

1. 视诊

视诊主要观察腹围大小及腹壁病变的程度等。健康家畜腹围与营养状况和饲养管理有关,通常草食家畜的腹围比较大。在病理状态下,腹围容积可增大和缩小。

(1)腹围增大:腹部上方显著膨大,表明肠管内蓄积大量气体,常见于胃肠破裂、肠臌胀、瘤胃臌胀等;腹中部膨大,有肠积食或积粪,常见于大肠便秘、瘤胃积食等;腹部下方膨大,触诊有波动感,表明腹腔内积有大量液体,见于腹膜炎、盲结肠炎及腹腔积水等。

(2)腹围缩小:急性腹泻可使腹围迅速缩小,如牛的病毒性胃肠炎、犬的出血性肠炎等;长期食欲减退或慢性消耗性疾病可使腹围缓慢缩小,如慢性消化不良、寄生虫病、结核等;四肢或腹部疼痛性疾病可造成腹围代偿性缩小,如四肢风湿、破伤风等。

(3)局限性肿胀:腹壁的某个部位膨大突出,可见于腹壁疝等。

2. 触诊

腹部触诊，主要是了解腹壁的疼痛感、紧张度，内容物的形状等。

（1）大动物的腹部触诊，一手放在背部作支点，另一手平放在腹部，以手掌做间歇性触压。当肠管或瘤胃积气时，腹壁弹性增强；腹腔积液时，有波动感；患腹膜炎时，触压腹壁敏感且有疼痛反应；当肠便秘或瘤胃积食时，触诊感觉坚硬或有捏粉样。

（2）中小动物的腹部触诊：用两手置于两侧肋骨弓的后方，逐渐向后上方移动，让内脏滑过各指指端；如将病畜前后躯轮流高举，可以更全面触知腹腔的脏器。对犬或猪，通过腹部触诊，可以确定胃肠充满程度和胃肠炎的敏感反应、肠套叠等。

3. 听诊

腹部听诊主要是听取胃肠蠕动音，借以判定胃肠的活动机能。

（1）肠的听诊部位：单胃动物的胃位于腹腔前部，前面和上面是膈和肝，位置深，一般不易听到胃蠕动音。马，左肷部主要听小肠音和大肠音；在右肷部听盲肠音，左侧腹部下1/3处听左侧大结肠音，右侧肋骨弓下方听右侧大结肠音。反刍动物，整个右腹侧都可听到短而稀少的肠蠕动音。猪，在腹腔右侧主要听诊小肠音，在腹腔左侧主要听诊大肠音。犬，腹腔下部主要听小肠音，腹腔左侧中部主要听结肠音，腹腔右侧上面主要听盲肠音。

（2）正常的肠音：肠音是肠管蠕动时，肠内容物移动而产生的。小肠音如流水声或漱口声，大肠音如远处雷鸣音、炮音。马的小肠音平均每分钟8～12次，大肠音平均每分钟4～6次；牛的肠音每分钟8～15次。其他动物基本与马相同。

影响肠音的因素，如肠管运动机能、饲料的质量、肠内容物的性状以及使役强度等。

（3）肠音的病理变化：主要依据肠音的频率、强弱、蠕动波的长短及是否完整等，综合判定肠音的性质。①肠音增强，肠音响亮而不断，有时在动物不远处就能听到，多见于肠痉挛、肠炎、胃肠卡他等。②肠音减弱，肠音低沉而稀少，短促而微弱，见于重剧胃肠炎、前胃疾病等。③肠音停止，为肠管麻痹、病情严重，见于肠便秘及肠变位的后期。④肠音不整齐，快慢、强弱不定，多见于肠便秘初期、消化不良等。⑤金属性肠音，如水滴落在金属板上发出的声音，见于肠臌胀及肠痉挛等。

（四）反刍兽胃的检查

反刍兽的胃占据整个腹腔的3/4，包括瘤胃、网胃、瓣胃（三者合称前胃）及皱胃（又称真胃）四部分。前胃不分泌胃液，有混合、揉搓、浸润、分解草料的作用。皱胃分泌胃液，起消化食物的作用。

1. 瘤胃检查

成年牛瘤胃为全部胃总容积的80%，占据左侧腹腔，紧贴左腹壁，可采用视诊、触诊、叩诊、听诊检查。

（1）视诊：正常时左侧饥窝稍凹陷。放牧的牛、羊，饱食后饥窝稍平坦；瘤胃积食和臌气时饥窝展平，甚至凸出；饥窝深陷，见于饥饿和长期腹泻等。

（2）触诊：触诊正常瘤胃，其内容物呈捏粉样。检查瘤胃的收缩次数和强度，可将手掌摊平或半握拳，用力紧贴于左侧饥窝部。健康牛瘤胃收缩次数，牛为每分钟1～3次，山羊为每分钟1～2次，绵羊为每分钟1～3次。

病理状态下，瘤胃内容物性状、收缩次数和强度均发生不同程度改变。瘤胃紧张而有弹性，用力强压也难以感知内容物，见于瘤胃臌胀；瘤胃内容物柔软，见于前胃弛缓；瘤胃内容物坚硬，见于瘤胃积食；触诊胃壁敏感，见于瘤胃炎；瘤胃运动机能减退，见于前胃弛缓、瘤胃积食、创伤性网胃炎、热性病以及其他全身性疾病。

（3）听诊：健康牛瘤胃蠕动音类似“沙沙”声，在饥窝隆起时最强，以后逐渐减弱；蠕动音加强，表示瘤胃收缩增强。瘤胃运动机能减退，见于前胃弛缓、瘤胃积食、创伤性网胃炎、热性病以及其他全身性疾病；瘤胃蠕动音完全消失，可见于瘤胃臌气的后期、全身性疾病的濒死期。

2. 网胃检查

网胃位于腹腔的左前下方。牛采食急速，容易咽下铁钉等异物，网胃是细小异物滞留的主要地点，由于网胃收缩强烈，容易发生创伤性网胃炎。网胃检查常用触诊和听诊。

（1）触诊：一般用拳压法和杠压法，增加其腹压，以判定网胃有无疼痛反应。①拳压法，检查者蹲于牛体左侧，将左膝曲于牛的腹下，把右肘放于右膝上，并握拳抵在牛胸骨剑状软骨部，然后把右脚跟向上逐渐高抬，抵压网胃部。在创伤性网胃炎时，病畜可出现疼痛反应。②杠压法：用一木杠横置于病牛的剑状软骨部，二人抬起木杠压迫网胃，观察有无疼痛反应。

(2)听诊：健康牛网胃蠕动音最适宜的听诊部位是左侧第七肋间下部，声音类似液体流动。正常网胃蠕动音每分钟1~2次。在病理状态下，可出现网胃蠕动音减弱或次数减少，见于前胃弛缓、创伤性网胃炎、热性病和中毒等；在创伤性网胃炎时，病牛尚有呻吟痛苦的表现。

另外，应用金属探测器检查、下坡运动检查，也可以诊断创伤性网胃炎。

3. 瓣胃检查

瓣胃位于牛右侧，在第七至九肋间与肩关节水平线上下。

(1)触诊：检查者站于牛右侧，用拳压迫，如出现呻吟、抗拒，则为疼痛的表现，见于瓣胃阻塞和瓣胃炎。

(2)听诊：健康牛的瓣胃蠕动音类似捻发音，采食后明显，常随瘤胃蠕动而出现。瓣胃蠕动音减弱或消失，见于瓣胃阻塞、热性病、重症前胃病等。

4. 皱胃(真胃)检查

皱胃位于牛右侧，在第七至十肋间沿肋骨间。

(1)触诊：检查者站在牛右侧，用拳向内压迫。触诊有呻吟痛苦反应，见于真胃炎、真胃溃疡；触到真胃内容物坚实、形如枕状且有痛感，见于真胃阻塞；触诊有波动音，见于真胃扭转、十二指肠阻塞等。

(2)叩诊：正常时真胃叩诊呈浊音，浊音界增大，见于真胃积食；出现鼓音，可扩大至肋弓后缘，见于真胃炎；蠕动音减弱，见于胃阻塞、前胃弛缓和热性病等。听、叩诊结合检查，如在右侧第十一至十三肋骨与肋软骨接合处，听到类似敲打金属管的声音(钢管音)，可疑为真胃扭转。

(五)肝脏检查

临床上发现动物长期消化障碍，粪便异常，且有黄疸、腹腔积水、精神高度沉郁或昏迷等，应当检查肝脏是否有病。肝脏的临床检查通常采用触诊和叩诊。

牛正常肝浊音区在右侧第十至十二肋骨上部，突出于肺脏的后缘。浊音区增大，表明肝肿大；如肝脏高度肿大时，外部触诊还可感有硬固物，并随呼吸而运动，有时通过直肠检查也可触到肿大的肝脏。肝脏肿大，见于肝炎、肝脓肿和肝片吸虫病等。

猪和犬在右侧第七至十二肋间，肺的后缘1～3指宽，左侧第七至九肋间沿着肺的后缘，均有肝浊音区。当动物患肝炎时，可见肝浊音界扩大，且肝脏变硬，触诊局部有痛感。

（六）排粪及粪便检查

1. 排粪检查

注意动物的排粪次数、排粪姿势，排粪时有无疼痛、努责等。

（1）排粪次数增多：粪便稀薄如粥或水，见于消化不良、肠炎、副伤寒、猪丹毒或突然更换饲料等。

（2）排粪减少：是指排粪次数和数量都减少，粪便干硬而色暗，见于前胃疾病、肠便秘、胃积食、肠变位。

（3）排粪失禁：不自主的排粪，见于严重下痢、腰荐部脊髓损伤和炎症等。

（4）排粪疼痛：排粪时表现不安、拱背、努责，甚至呻吟、吼叫，见于牛的创伤性网胃炎、肠炎、肠变位等。

2. 粪便的肉眼检查

注意粪便形状、数量、硬度、颜色、气味及混合物等。牛粪较稀软，落地后呈轮层状粪堆；羊和兔粪呈小而干的球；猪粪时干时稀呈圆筒状；貂、狐等经济动物的粪呈长条状，表面光滑。粪便稀软甚至水样，表明肠消化机能障碍、蠕动加强。粪便硬固或粪球干小，表明肠管运动机能减退或肠肌弛缓。肠前部肠管出血时，粪呈褐色或黑色。后部肠管出血，粪便表面附着鲜红色血液。阻塞性黄疸时，由于粪胆素减少，粪呈灰白色。水貂患黄疸病时，粪便呈黏稠煤焦油状。内服铁剂、铋剂或木炭时，粪便呈黑色。肉食兽的粪便具有强烈的臭味，草食兽的粪便如具有难闻的酸臭或腐败臭、腥臭味等，则为肠内容物强烈发酵和腐败所致。粪便中混有多量胶冻状黏液，见于肠炎或肠阻塞；粪便中混有脓汁，见于直肠内脓肿破溃；粪便内含有多量粗纤维及未消化谷粒等，见于消化不良及牙齿疾病；混有虫体，见于胃肠道寄生虫病。

（七）直肠检查

直肠检查就是将手臂伸入直肠内，进行腹腔和骨盆腔内脏器官的触诊。直肠检查除能对胃肠作内部触诊外，还可检查腹膜、肾脏、膀胱、子宫、卵巢等的状态。直肠检查对马属动物腹痛病，牛的妊娠诊断，胃肠、肾脏和膀胱等的检查有重要意义。

1. 牛的直肠检查

一般由助手牵住牛鼻绳即可进行检查，性情暴烈的牛以柱栏内保定为好。先用适量温肥皂水灌肠，以排除积粪。术者的指甲剪短磨光，手臂涂润滑剂，手呈圆锥状旋转伸入直肠，碰到粪便及时取出。如动物强力努责，手则暂停前伸或稍后退，待其弛缓再继续伸入检查。将手伸入直肠后，以水平方向缓慢前进，到达骨盆前口上界，手向右前下方伸入结肠的乙状弯曲部，即可较大范围地移动，触摸腹腔脏器，切忌检手未找到肠腔的方向就盲目前伸。检查完毕缓慢拔出检手。

（1）肛门：先查看肛门周围是否有粪便污染，检手向盲肠内伸入时，要留意肛门括约肌的紧张性。张力增高，见于肠阻塞和肠变位等；张力减弱，见于年老衰弱的动物、长期腹泻和脊髓麻痹等。

（2）直肠：检查直肠的充满状态和直肠黏膜的性状。直肠内无粪便，见于肠阻塞；局部增温，有疼痛反应，检者手臂沾血，见于直肠黏膜有炎症；肠壁紧缩且有大量黏液，见于肠扭转。

（3）膀胱：检手在骨盆腔底部，可检查膀胱的状态。触诊敏感而疼痛，见于膀胱炎。

（4）瘤胃：在骨盆腔前口的左侧，容易触到，正常时表面光滑，内容物呈捏粉样硬度，可感到瘤胃的蠕动情况。瘤胃积食和臌胀时，容积增大，能感知到大量坚硬内容物或气体，此时瘤胃后背囊抵至骨盆口处或进入盆腔内，瘤胃前部、网胃、瓣胃和皱胃等均不能触到。

（5）盲肠：耻骨前缘右侧可摸到盲肠。在肠阻塞时可触到硬固的内容物；如为肠套叠或肠变位，可摸到高度积气的肠段，且有疼痛表现。

（6）结肠：小结肠大部分位于骨盆腔口前方左侧。如粪球大于鸡蛋，堆积硬结，且触诊有痛感，见于小结肠便秘。左下大结肠在骨盆前口弯曲折回变为左上大结肠，即为骨盆曲。如骨盆曲内容物坚硬，且触之有痛感，见于左下大结肠积粪或气胀。

(7)皱胃：正常时不能摸到。皱胃右方变位，顺时针扭转时，转到瓣胃后上方，直肠检查可以摸到；皱胃左方变位，转到左侧瘤胃与腹壁之间，则腹部右上方显得空虚，少数皱胃左侧变位达到左侧后部肋骨弓附近时，也可能触诊到变位的皱胃。

(8)右肾：于第三至第五腰椎下方，可以触到呈游离状态的右肾。肾脏肿大、敏感，见于肾炎。

2. 中、小动物直肠检查

取站立或横卧保定，根据动物的大小，用食指或中指进行检查。手指(可戴上指套)应涂上滑润剂或肥皂，缓慢深入直肠内，另一只手由腹部下壁徐徐向骨盆腔前口压迫，使内脏后移易于检查。检查时，注意直肠内容物的性状及黏膜状态等。在猪和犬直肠内，如有硬固的粪块或梗塞在直肠内的异物，很容易被检查到。在肠套叠时，手指可感知被套入肠段的纽扣状端，压迫时有剧烈疼痛。

四、神经系统检查

(一)精神状态检查

精神是机体生命活动的外在表现，健康动物目光有神、两耳灵敏，对周围事物反应敏感。大脑皮质的兴奋和抑制，保持着动态平衡。兴奋和抑制失去平衡即为病态，临床上分为精神兴奋或精神抑制。

1. 精神兴奋

是大脑皮质兴奋过程占优势的表现。病畜主要表现为狂躁不安、横冲直撞、高声鸣叫，轻微的刺激都能引起强烈的反应等，见于脑炎、狂犬病、中毒病等。

2. 精神抑制

是大脑皮质抑制过程占优势的表现。

(1)精神沉郁：是大脑皮质机能轻度抑制的表现。病畜反应迟钝，闭眼呆立，低头耷耳，不听呼唤，见于许多疾病的初期。

(2)昏睡:是大脑皮质机能中度抑制的表现。病畜陷入深睡状态,强刺激才能使之觉醒,很快又陷入昏睡中,见于脑炎及颅内压升高等。

(3)昏迷:是皮质机能深度抑制的表现。病畜昏迷不醒,意识完全丧失,强刺激亦无反应,只保持无节律的呼吸和心搏动,见于重症脑炎、中毒及肝、肾机能衰竭等。在疾病经过中,中枢神经机能被扰乱,精神兴奋和抑制可互相转化。例如脑炎初期,由于炎性产物的刺激或轻微缺氧,呈现兴奋状态。如脑细胞受到损伤、高度缺氧或颅内压升高,即转为抑制状态。兴奋与抑制可交替发生,但最终转入抑制状态。

(二)运动机能检查

健康动物运动,受运动神经支配,肌群之间保持一定的协调和张力。当运动发生障碍时,动物处于病理状态。

1. 强迫运动

是指由于脑机能障碍所引起的不自主的运动,常见有盲目运动和圆圈运动。

(1)盲目运动:病畜作无目的、无方向的徘徊运动,对外界刺激反应不敏感或无反应,见于脑炎等。

(2)圆圈运动:病畜按一定方向作直径不变或者缩小的圆圈运动,见于脑肿瘤、脑脓肿等。

2. 共济失调

(1)体位平衡失调:动物在站立状态下出现失调,即头部摇晃、身体歪斜、关节屈曲、四肢叉开、站立不稳,将其四肢稍微收拢便容易跌倒。见于小脑或前庭传导经路受损伤时。

(2)运动失调:在运动时出现的失调,即动物体躯摇晃、步幅不稳、动作笨拙、四肢高抬,如涉水样步态,有的不能准确地接近饲槽或饮水桶。见于大脑皮层、小脑损伤时。

3. 痉挛

肌肉的紧张力亢进,不随意运动,称为痉挛,又叫抽搐。

(1)间歇性痉挛:是肌肉的收缩与弛缓交替出现,见于脑炎、中毒等。某些代谢病,如钙、镁缺乏时,由于肌肉神经的应激性增强,也常阵发痉挛。

(2)强直性痉挛:是肌肉长时间、连续性收缩,而无弛缓或间歇,见于破伤风和马钱子中毒等。

4. 瘫痪(麻痹)

是指动物的随意运动减弱或消失。上位运动神经原损伤所产生的瘫痪,称中枢性瘫痪,也叫硬瘫;下位运动神经原损伤所产生的瘫痪,称外周性瘫痪,也叫软瘫。

(1)中枢性瘫痪时:由于上位运动神经原损伤,控制能力减弱或丧失,脊髓的反射活动增强,故腱反射亢进、肌张力增高、皮肤反射减弱或消失,一般无肌肉萎缩,见于脑炎、中毒病等。

(2)外周性瘫痪时:由于下位运动神经原损伤,脊髓反射活动减弱或中断,故肌腱反射减弱或消失、肌张力降低、皮肤反射减弱或消失,肌肉很快萎缩,见于面神经和坐骨神经麻痹。

(三)感觉机能检查

1. 视觉机能检查

健康动物在强光照射时瞳孔迅速缩小,除去强光后又很快恢复原状。病理状态下,瞳孔对光的刺激反应减退或消失、散大或缩小,见于某些脑病过程中、中毒病及维生素缺乏症等。

2. 听觉机能检查

为了避免视觉的干扰,可遮住动物的眼,在不同距离发出音响,以观察其反应,借以判断其听觉机能。听觉增强时,对音响敏感而不安,耳的动作特别灵活,多见于脑膜炎、破伤风等;听觉减弱或消失,多见于中耳、内耳疾病和某些脑病的过程中。

3. 浅感觉机能检查

兽医临床上主要检查痛觉。先把动物的眼遮住,然后用针先由感觉迟钝的臀部开始,沿脊柱两侧向前,直至颈部、头部,分别以轻重不等的力量刺皮肤,观察动物的反应。对于四肢可作环形针刺。健康动物针刺后立即出现反应,肌肉收缩、被毛颤动,或回顾、竖耳、踢咬。如动物痛觉过敏,见于脊髓膜炎;痛觉减退,见于脊髓损伤;痛觉消失,见于脊髓全横径损伤及意识丧失的疾病。

4. 深感觉机能检查

深感觉是指肌腱、关节、韧带和骨的感觉。检查深感觉可观察动物站立姿势和步行状态。如果人为地把健康动物的两前肢交叉或分开，在外力除去后，可立即恢复原来的状态。当深感觉发生障碍时，对人为的交叉或分开姿势可长时间保持不变。病畜运动时步行缓慢、方向不准、着地用力，见于脊髓损伤、慢性脑水肿、脑炎和中毒等。

（四）反射检查

反射是神经系统活动的最基本方式，在反射弧结构机能完整时才能实现，通过反射检查可以帮助判定神经系统损伤的部位。检查反射时要遮住动物的眼，进行两侧对比。

1. 兽医临床上常检查的反射

耳反射，用细棒轻触耳内侧被毛，动物正常时摇耳转头；肛门反射，轻触或针刺肛门部皮肤，动物正常时肛门括约肌产生一连串短而急的收缩；腱反射，使动物横卧、肌肉松弛，用叩诊槌叩击膝中直韧带，动物正常时后肢膝关节部强力伸张。

2. 反射的病理改变

反射减弱或消失，见于反射弧的某一部分受损伤，也可能是中枢神经系统受到高度抑制；反射增强，多由于神经系统兴奋性普遍增高所致，见于脊髓膜炎、破伤风等。

五、泌尿生殖系统检查

观察动物排尿状态，注意排尿姿势、次数、尿量等。

（一）排尿状态的检查

1. 排尿姿势检查

健康家畜排尿时，都有特定的姿势。一旦发生改变，即表明排尿发生了障碍如尿失禁、尿淋病、排尿带痛等。

（1）尿失禁：动物未取正常的排尿姿势，而经常不由自主地排出尿液，见于腰荐部脊髓损伤和膀胱括约肌麻痹。

（2）尿淋沥：尿液不断滴出，见于急性膀胱炎和尿道炎等。

（3）排尿带痛：动物排尿时表现痛苦不安、呻吟、顾腹、摇尾、拱背和四肢踩踏等，排尿后仍长时间保持排尿姿势，见于膀胱炎、尿道炎和尿结石等。

2. 排尿次数和尿量的检查

健康家畜每昼夜排尿次数，猪2～3次、牛5～10次、羊3～4次。家畜的排尿次数和排尿量，常同饲料的含水量、饮水量、外界气温变化等发生改变，应注意与病理改变相区别。常见的病理变化有：

（1）排尿次数增多，而每次排尿量不少。持续性多尿，是肾脏泌尿增加的结果，见于糖尿病、慢性肾炎、渗出性胸膜炎和水肿的吸收期。

（2）排尿次数增多，而每次排尿量减少，是膀胱或尿道黏膜兴奋性增高的结果，见于膀胱炎、尿道炎、肾盂炎等。

（3）排尿次数及尿量都减少，是肾脏泌尿功能障碍的结果，临床上常分为尿潴留、尿闭等情况，见于急性肾炎、剧烈腹泻、高热的疾病。

（二）泌尿器官检查

1. 肾脏检查

对大家畜可进行外部触诊和直肠内检查。外部触诊时，可将一手平放在肾区，另一手握拳捶击平放的手背，如果动物反应敏感、不安、背腰拱起、抗拒检查，见于急性肾炎、肾脓肿等。直肠内检查时，可以判定肾脏的大小、形状、位置、硬度和敏感性等。肾有压痛或肿大，见于急性肾炎和肾盂肾炎等；肾表面凹凸不平呈结节状且硬度增加，见于慢性肾炎等。

对小动物肾脏可进行外部触诊，动物取站立姿势，两手拇指放于腰部，其余手指由两侧肋弓后方与髋结节之间的腰椎横突下方，左右同时施加压力并前后滑动，进行触诊。犬的左肾在腰窝的前角可以触知，右肾常不易触到。小犬、猫及兔横卧，进行肾脏触诊。猫及兔的肾脏，正常时为光滑、硬固，能移动的豆状体。

2. 输尿管检查

输尿管检查是通过直肠进行触诊。正常的输尿管比较细小，感觉不出来。在牛患肾盂肾炎时，输尿管肿大，感到肾与膀胱之间有指粗的管状物，触之有疼痛表现。

3. 膀胱检查

大家畜的膀胱位于骨盆腔的底壁，主要采用直肠内触诊，注意膀胱的充满度、有无异物、膀胱壁的厚度和敏感性等。正常情况下，大家畜膀胱空虚时可触到如拳大的梨状物；中等度充满时，轮廓清楚，有波动感；过度充满时，则占据整个骨盆腔。膀胱过度充满，多见于膀胱平滑肌麻痹或膀胱括约肌痉挛；膀胱触压有疼痛反应，多见于膀胱炎等；膀胱内有异物，多见于膀胱结石等。

小动物的膀胱位于耻骨联合的腹腔底部，主要采用腹壁外部触诊。动物仰卧，用两只手分别由腹部两侧逐渐向体中线压迫，以感触膀胱。当膀胱充满时，可于耻骨前缘的下腹壁触到一个有弹性的球形光滑体，过度充满时可达脐部；检查有无结石时，最好以一手食指插入直肠，另一手的拇指与食指于腹壁外，将膀胱向后方挤压，使直肠内的食指易于触到膀胱。

第三节 常用治疗技术

一、口服药物法

经口投药是投服少量药液和丸（片）剂时常用的方法。对猪和牛投服大量水剂时，也可经口插入投药管投药。

（一）水剂经口投药法

经口投药少量水剂时，大动物常采用长颈橡皮瓶或长颈酒瓶，小动物则可用汤匙、奶瓶、胶皮球、杯子等作为投药工具。投药时动物的头不宜昂得过高，否则容易灌呛。水剂经口投药，应一点点地倒入口内，使动物一口口咽下，否则容易灌呛或使药液洒漏。投药中发现动物打嗝或咳嗽，应立即停止投药，并将动物的头放低，待其安静后继续投药。

（二）丸（片）剂投药法

给大家畜投服丸（片）剂时，先保定好，术者一手持装好丸（片）剂的投药器，另一手伸入口腔，将舌头拉出口外，同时将投药器沿着硬腭送至舌根部，迅速把药丸（片）推入，抽出投药器。将病畜舌头松开，并托住下颚部，稍抬高头，待其将丸（片）咽下后再松开。若没有丸（片）剂投药器，可用自制木棒将口打开，将丸（片）剂投到舌根部，使其咽下即可。给猪投丸（片）剂时，先保定好，一手用木棒撬开口腔，另一手将药丸（片）投掷到舌根部，然后抽出木棒，使其咽下。给犬、猫等小动物投丸（片）剂时，在畜主协助下保定，用两手分别把握上下颚，然后掰开其口，将药丸（片）投掷到舌根部，松开上下颚，使口闭合，将药咽下。给禽类投丸（片）剂时，若病禽无食欲，开口后将药丸（片）一粒一粒填入口内，使其自然咽下；若病禽有食欲，可将丸（片）剂压成粉状，将药物拌入饲料或水中，让其自行服下。在给药前须断绝饲喂和饮水，使禽处于饥饿口渴状态。

二、胃管投药法

（一）大家畜胃管投药

投服大量水剂药液时广泛采用。将投药管从鼻腔准确地插入食管中，达到食管中 1/3 处，接上漏斗，把药液倒入漏斗内，举高漏斗将药液灌入胃内。药液灌完后，再灌以少量温水，以冲洗漏斗及投药管。拔掉漏斗并将投药管内残留液体吹入胃内，用拇指堵住投药管外口或把管折叠，缓缓拔出。

给牛用胃管投药时，判定投药管是否插入食管内，主要采取向投药管内吹气，看颈部食管是否有波动，或者用手触摸颈部食管内的投药管等方法。因为牛常有嗳气，所以用压扁的胶皮球或用嘴吸的方法往往不确定。

（二）猪胃管投药

对猪先行倒卧保定，用口器（长 15 ~ 20 cm、直径 2. 5 cm 的铁管，两端有可以滑动的铁环，拴上绳子）将口腔打开，然后将猪的投药管自口器中央慢慢插入，到咽部时，轻轻抽动投药管刺激咽部，使猪产生吞咽动作，随即将投药管插入食管内。确实证明投药管在食管内时，接上漏斗，将药液灌下。

三、皮下注射法

皮下注射是将药物注射于皮下组织内，经毛细血管、淋巴管吸收，5 ~ 10 分钟后有效果。凡是易溶解、无强烈刺激性的药品及菌苗、疫苗等，均可皮下注射。

(一)部位

选择富有皮下组织、皮肤容易移动的部位。马、骡多在颈侧,牛在颈侧或肩胛后方的胸侧,犬、猫在颈侧或背部、股内侧,猪在耳根或股内侧,禽在翅膀或大腿根部,雏鸡可在颈背部或腿部。

(二)方法

局部剪毛消毒后,用左手的拇指和中指捏起皮肤,食指压其顶点,形成三角凹窝。右手持注射器,迅速将针头刺入凹窝中心的皮肤内,深2 mm左右。然后放开皮肤,抽动活塞不见出血时,注射药液。药液多时,应分点注射。注射完毕拔出针头,局部涂以碘酊。

四、肌内注射法

肌肉血管丰富,注射后药液吸收较快;又因感觉神经较皮下少,疼痛较轻,临床上广泛应用。

(一)部位

凡肌肉丰满的部位,均可进行肌内注射。猪、羊多在颈部内侧,大家畜在臀部和颈部内侧。奶牛由于臀部肌肉欠丰满,常选择在颈侧部位;犬、猫多选择在脊柱两侧的腰部肌肉或股部肌肉;禽多在胸部肌肉。

(二)方法

局部剪毛消毒后,将针头先刺入肌肉内,连接好药液的注射器,抽拔活塞确认无回血后,注射药液。先接好针头,一次操作也可以。注射时不要将针头全部刺入肌肉内,以免折断时不易取出。

五、静脉注射法

将药液直接注射于静脉内,随着血流很快分布到全身,使药物的效力发挥较快的一种注射方法。

(一)部位

牛、羊、犬和猫等动物均可在颈静脉沟上1/3和中1/3交界处进行静脉注射。因为此处肌肉较薄,静脉浅显易见,操作容易,便于注射。马骡的注射部位还可以选择其他体表静脉,如胸外静脉;母牛的注射部位也可以选在乳静脉;猪的注射部位常选在耳大静脉、前腔静脉;犬除颈静脉外,还可以在腕关节以上的前内侧，或腕关节以下掌中部前内侧，或跗关节外侧、跗关节上方、股内侧的静脉等部位注射。

（二）方法

剪毛消毒后，以手指压在（或以胶管勒紧）近心端静脉上，以 15°～45°角度刺入血管内。见到回血后，将针头顺血管走向推进约 1 cm（大动物），松开胶管，将药液徐徐滴入。注射完毕，左手拿酒精棉球压紧针孔，右手迅速拔出针头。为防止针眼处溢血，要继续紧压片刻，最后涂以碘酊。

当注射大量药液时，多采用分解步骤。按上述方法刺入针头，当血液流出后，迅速连接准备好的已排净空气的输液管和输液瓶，放低输液瓶，见回血时再将输液瓶提高，让药液缓慢滴入静脉内。对心肾功能不全的病畜和使心脏跳动加快的药物，切记要缓滴。在实施静脉输液时，一定要仔细检查药液是否澄清，瓶口封盖是否松动、破裂，出现异常勿用。

六、乳腺内注射法

动物站立保定，挤尽乳汁，彻底消毒乳头，左手捏乳头并给轻轻牵拉，右手持乳导管或通乳针自乳头口徐徐插入，连接注射器，慢慢注入药液。注射完毕，拔出乳导管，一手轻捏乳头口，防止药液流出；另一手进行乳房按摩，使药液散开。

七、腹腔内注射

因胸膜有较强的吸收能力，采用腹腔注射，可以让药物直接作用于病灶或被腹膜快速吸收，增强治疗效果。当动物心力衰竭、静脉注射出现困难时，可以通过腹膜进行补液。本法多用于中、小动物，大家畜有时也可以采用。

（一）部位

马、骡在左肷窝中央，牛在右肷窝中央，猪、犬、猫在下腹部耻骨前缘前方 3～5 cm 腹白线的侧方。

（二）方法

大家畜可站立保定，猪可采用倒提法保定。犬可前躯侧卧，后躯仰卧保定。局部剪毛消毒后，针头垂直于皮肤，垂直刺入3~5 cm后，左手固定针头，右手推动注射器活塞，注入药液。注意刺入方法要正确，回抽注射器活塞时应无气体和液体。大量注药时，要将药液加热到与体温一致。

八、洗胃疗法

在治疗胃扩张、中毒、瘤胃臌气等时，常用洗胃法。洗胃时，将动物保定好。不同动物采用的胃管亦不同，对大牲畜采用长2~3 m的橡胶或塑料制的胃管，并根据需要采用不同粗细的胃管。对猪、犬等中等动物采用长约95 cm、外径12 mm的橡胶胃管。对马洗胃时，多采用鼻腔插入胃管。对牛多采用开口器，从口腔插入胃管。给牛插入胃管前保定好，固定好头部，胃管用温水湿润或涂上润滑油，从开口器中央缓慢插入胃管。当到达咽部感觉有阻力时，不要强行推进，待牛(其他动物也如此)吞咽时，再趁机将胃管插入食管。如牛无吞咽动作时，可揉捏咽部或刺激口腔，诱发其吞咽。当胃管通过咽部后，向管内吹气，在左侧颈沟下部见到有波动；用上唇吸管时能吸得住；或将捏扁的胶皮球接在胃管上，胶皮球不鼓起来，均表示胃管在食道内。当确认胃管在食道内后，再将其缓缓送到胃内，然后接上漏斗，每次灌入36~39℃的温水或其他药液1~2 L，反复抽洗，以洗出胃内容物。

九、麻醉法

(一)全身麻醉

利用麻醉药物对中枢神经系统产生暂时的抑制作用，从而使家畜不感觉疼痛，但仍保持延髓和平滑肌组织的功能，叫全身麻醉。全身麻醉可分为吸入麻醉和非吸入麻醉。

1. 吸入麻醉

常用的挥发性液体麻醉剂有氟烷、甲氧氟烷、乙醚、氯仿、安氟醚等，气体麻醉剂有氧化亚氮、环丙烷等。我国兽医临床一般对中、小动物实施吸入麻醉，常采用开放式点滴法。先用凡士林涂于动物口、鼻周围，再用4~6层纱布的口罩将口、鼻罩住，周围用纱布或毛巾塞紧，最后在口罩上点滴乙醚或氟烷等进行麻醉。对大动物实施吸入麻醉时，需要用麻醉机进行半开放半关闭或密闭式麻醉。对中、小动物使用麻醉机进行麻醉效果更好。

2. 非吸入麻醉

常用药物有二甲苯胺噻唑(静松灵)类麻醉剂、巴比妥类麻醉剂、水合氯醛、乙醇(酒精)、氯胺酮等。临床上常将几种麻醉药及镇痛、镇静药混合应用,以提高麻醉效果,减少麻醉药量,减轻麻醉药的副作用。

3. 马的全身麻醉

(1)盐酸二甲苯胺噻唑麻醉法:马、骡 0.8～1.2 mg/kg 体重,驴 2～3 mg/kg 肌内注射。手术时间达 1 小时以上者按全量追加一次,以后按半量追加。本药也可静脉注射,剂量减半。保定宁是由二甲苯胺噻唑和依地酸(EDTA)混合制成,麻醉效果好,镇静作用时间可持续 1～1.5 小时。

(2)水合氯醛麻醉法:通常采用静脉注射法,每百千克体重 4～5 g(浅麻醉)、6～9 g(中麻醉)、10～12 g(深麻醉)。药液配成 5%～10% 浓度,一般用 5% 葡萄糖液作溶媒,药液不宜长期贮存。注射速度为 15 分钟内注射完 500 ml,注意药液不要漏于血管外。临床上也常用酒精水合氯醛和硫酸镁水合氯醛液做静脉注射麻醉。水合氯醛还可以用淀粉或面粉配成黏浆剂,经直肠灌入或经胃管投入进行麻醉,剂量为8～12 mg/100 kg。

4. 牛的全身麻醉

(1)盐酸二甲苯胺噻唑麻醉法:通常 0.6 mg/kg 肌内注射,可产生良好的镇静、镇痛和肌松的效果。

(2)酒精麻醉法:96% 酒精(精制)按 35～40 ml/100 kg,以生理盐水或 5% 葡萄糖液稀释成含 30%～40% 酒精的浓度,静脉注射。麻醉效果往往不确实,常采用氯丙嗪作麻醉前给药。

5. 羊的全身麻醉

(1)戊巴比妥钠:静脉注射一次量为 30 mg/kg,可麻醉30～40分钟。

(2)异戊巴比妥钠:按 5～10 mg/kg 静脉或肌内注射。

(3)硫喷妥钠:按 15～20 mg/kg 静脉注射,麻醉持续时间 10～20 分钟。

6. 猪的全身麻醉

(1)戊巴比妥钠:静脉注射一次量10～25 mg/kg,可麻醉30～60分钟,也可腹腔注射。

(2)硫喷妥钠:静脉或腹腔注射10～25 mg/kg,可麻醉10～15分钟。

(3)异戊巴比妥钠:静脉或肌内注射5～10 mg/kg。

7. 犬的全身麻醉

(1)846麻醉剂:由保定宁60 mg、双氢埃托啡4 μg、氟哌啶醇2.5 mg复合而成的846麻醉剂是一种复合麻醉药,麻醉效果良好,推荐剂量0.04 mg/kg,肌内注射。

(2)盐酸吗啡:通常按1 mg/kg体重皮下注射,效果可持续1小时以上。

(3)氯胺酮:一般先皮下注射硫酸阿托品0.05 mg/kg和甲苯噻嗪1～2 mg/kg(或安定1～2 mg/kg,或肌内注射丙酰丙嗪0.3～0.5 mg/kg),10～20分钟后肌内注射氯胺酮5～20 mg/kg。

(4)戊巴比妥钠:25～30 mg/kg静脉或腹腔注射,可麻醉2～4小时。

(5)硫喷妥钠:25～30 mg/kg静脉或腹腔注射。

(6)盐酸氯丙嗪:1～2 mg/kg肌内注射,可麻醉1小时以上。

8. 猫的全身麻醉

(1)戊巴比妥钠:28～35 mg/kg,静脉注射或腹腔注射2%～5%的药剂。

(2)氯胺酮:10～30 mg/kg,肌内注射。注射前可先用镇静剂,如肌内注射0.1 mg/kg的乙酰丙嗪。

(3)846麻醉剂:0.02 mg/kg,肌内注射。

(4)氟烷和氧化亚氮:先用该两药诱导麻醉,以后通过插管继续麻醉。

(二)局部麻醉

应用局部麻醉药,作用于机体的一定部位,暂时阻断该局部的传入冲动,使手术局部痛觉消失,称为局部麻醉。根据给药的途径和操作方法不同,局部麻醉可分为以下几种:

1. 表面麻醉

是利用喷雾、涂布、滴入或填塞，使穿透性能较强的局部麻药与手术区的组织表层充分接触，使局部痛觉暂时消失或减轻的方法。临床上常用0.5% ~0.1%丁卡因，或2% ~5%可卡因，或2% ~5%利多卡因溶液点入结膜囊内 5 ~ 6 滴，经2 ~5分钟开始麻醉，持续 10 ~ 15 分钟。用1% ~2%丁卡因或5% ~10%可卡因，涂布或浸渍口腔、鼻腔、直肠或阴道黏膜进行麻醉。麻醉膀胱黏膜，可用0.5% ~1%普鲁卡因溶液注入膀胱内。关节、腱鞘及黏液囊中的滑膜麻醉，可用4% ~6%普鲁卡因注射液注入。在实施体腔手术时，常用3% ~5%的普鲁卡因溶液喷洒，以麻醉浆膜。

2. 浸润麻醉

是将局麻药注射到局部的各层组织中，来麻醉该部位的神经末梢，这是最常用的局部麻醉法之一。常用0.25% ~1%盐酸普鲁卡因溶液作浸润麻醉，为了增强麻醉效果，可在麻醉液中加入微量的0.1%肾上腺素溶液。

根据操作方法不同，浸润麻醉可分为直线浸润、分层浸润、菱形浸润、扇形浸润等。在操作中，应注意要使麻醉药液能浸润到手术区的各层组织内。

3. 传导麻醉

是将局麻药注射于支配手术区的神经干或神经丛周围，暂时阻断来自手术区的痛觉传导的麻醉方法。麻醉剂的浓度较高，临床一般常用3% ~5%的盐酸普鲁卡因溶液。上眼睑手术时，可作眶上神经麻醉；拔上臼齿时，可进行上颌神经麻醉；下颌臼齿、下唇及下颌部手术时，可进行下颌齿槽神经传导麻醉。

4. 椎管内麻醉

将局部麻醉药注入椎管内，从而使某些脊髓神经被阻滞的方法。根据局麻药注入部位的不同，椎管内醉可分为蛛网膜下腔麻醉和硬膜外腔麻醉。在临床上，目前多采用硬膜外腔麻醉。麻醉时进行椎管穿刺的部位可选择在腰椎与荐椎间隙，或第一尾椎间隙，或荐骨与第一尾椎间隙。

注射剂量：牛、马为2%盐酸普鲁卡因溶液20 ~30ml，也可用2%盐酸利多卡因溶液;猪、羊、犬为3%盐酸普鲁卡因溶液2～5 ml或1%～2%盐酸利多卡因溶液1～5 ml。

(三)复合麻醉

应用多种麻醉药或麻醉方法,叫做复合麻醉。这种麻醉可防止造成中枢神经系统过度抑制,减少麻醉并发症,保证动物术后生理机能的迅速恢复,所以在临床上得到广泛应用。局部复合麻醉,如在神经传导麻醉时,为了增强麻醉效果,可复合局部浸润麻醉。局部和全身复合麻醉,一般进行全身浅麻醉,配合进行局部麻醉。全身复合麻醉,如肌内注射硫喷妥钠后,再吸入氟烷等,也可将几种全身麻醉剂、镇痛镇静、催眠剂混合应用。保定宁、“846”均属这种全身复合麻醉剂。

十、止血法

纱布块止血,用温生理盐水纱布块压迫出血处数秒,即可止血。钳压止血,用止血钳夹血管断端止血。结扎止血,用止血钳夹出血点后,用丝线结扎。电凝或烧烙止血,用高频电流凝固组织或用烧烙器作用于血管断端,达到止血目的。局部药物止血,常用明胶海绵、淀粉海绵等。近年来,不断有各种止血药、止血纱布问世,止血效果良好。

十一、缝合技术

(一)缝合材料

最常用的是丝线,是不吸收的缝合材料,应用时可根据组织张力大小,选择不同型号的丝线。肠线是可吸收的缝合线,普通肠线4～5天即失去作用,铬制肠线10～20天仍能保持抗张力。肠线常用于尿道、胃肠道、子宫、膀胱的缝合。尼龙线也是不吸收线,抗张力比丝线强,组织反应也小,常用于血管缝合。尼龙线摩擦力小,打结时为了防止滑脱,常采用三重结。

(二)缝合方法

1.单纯缝合法

分间断缝合和连续缝合。间断缝合又分为结节缝合、减张缝合、“8”字缝合等。连续缝合分为单纯连续缝合和锁边缝合。

2. 内翻缝合

将缝合组织的边缘向内翻入,使缝合组织的表面平滑,多用于胃、肠、膀胱等的缝合。内翻缝合也可分为来连续内翻和间断内翻缝合。

3. 外翻缝合

将缝合组织的边缘向外翻入,使缝合处的内面保持光滑,常用于皮肤、腹膜、血管等的缝合。

(三)打结

1. 打结的种类

平结(方结、二重结)是经常采用的结,是用两个方向相反的单结组成。外科结是将第一结扣线缠绕两次,其摩擦面较大,不易松开。三重结是打好方结后,再打一个与第一结方向相同的结。

2. 打结的方法

分双手打结、单手打结和器械打结 3 种。不论采用哪种方法打结,都要在结扎时使两个牵拉点与结扣点尽量呈一条直线,而且两端拉力相等。另外在打第二个结时,注意第一结扣不要松弛,必要时可用止血钳压在第一结扣处,待收紧第二结扣时,再移去止血钳。

(四)缝合操作的注意事项

根据组织的解剖层次分层进行缝合,不要遗留残腔。缝合时,应使缝针垂直刺入和穿出,按针的弧度方向拔针。缝合线在切口两侧所包含的组织要相等。针距要整齐、相等。在切口密接的前提下,尽量减少针数。结扎线应以切口的边缘紧密相接为准,不要过紧或过松。皮肤缝合后,将皮下积液挤出,以免感染。较长的切口缝合,可在切口的中点先缝合一针,将切口分成相等的两段,按此方法顺次进行。这样可使切缘对合整齐,减少吻合口的皱褶。

十二、胸腔穿刺法

用于检查胸膜腔内渗出液性质,排除积液,洗涤胸膜腔及注入药液。马的穿刺部位在第六或第七肋间,左侧第七或第八肋间,胸外静脉上方 2 ~ 5 cm 处。牛在右侧第七或第八肋间,左侧第八或第九肋间,胸外静脉上方 2 ~ 5 cm 处。犬、猫在病侧肩端水平线与第五至第七肋间隙相交点的下方。

病畜站立保定，剪毛消毒。左手将术部皮肤稍向上移动，右手持带胶管的静脉注射针头或小套管针在紧靠肋骨的前缘处垂直刺入。针头进入胸膜腔后，阻力骤减，如有液体时则自然流出。拔出针头，术部涂碘酊。值得特别注意的是，在穿刺中应防止空气进入胸膜腔。

十三、腹腔穿刺法

用于胃肠破裂、肠变位、内脏出血、腹膜炎等的诊疗。马的穿刺部位在剑状软骨后方10～15 cm、腹白线两侧2～3 cm处；也可在下腹壁，由髋结节到脐部的连线与通过膝盖骨的水平线所形成的交点处。牛的穿刺部位在剑状软骨后方10～15 cm，离开腹白线右侧2～3 cm处。犬、猫、猪的穿刺部位同腹膜腔注射部位。大家畜站立保定，中小家畜侧卧保定。术部剪毛消毒，用注射针头垂直于皮肤刺入。针头刺入腹膜腔后，阻力消失，有落空感。一般腹膜腔内有渗出液时可自行流出，如不能流出，可用注射器抽吸。术后局部涂碘酊。

十四、灌肠法

（一）浅部灌肠法

是将药液灌入直肠内，常用在病畜有采食障碍或咽下困难时，补充营养；直肠炎症时，灌入消炎剂，使药物直接作用于炎症部位；病畜兴奋不安时，灌入镇静剂；清洁灌肠、排除直肠内积粪时也采用浅部灌肠法。

药液的用量，一般大动物每次1～2 L，小动物每次100～200 ml。灌肠时将动物保定好，助手把尾巴拉向一侧。术者一手提装有药液的灌肠用吊筒，另一只手将胶管徐徐插入肛门内，然后高举吊筒，使药液流入直肠内。灌肠后要使动物保持安静，以免将药液排出。以补给营养、消炎和镇静为目的，在灌肠前应先把直肠内的宿粪排出。

（二）深部灌肠法

是在浅部灌肠的基础上，将大量液体或药液灌到较前部的肠管内，多用于治疗马、骡便秘。对于小结肠、骨盆弯曲、左下大结肠部位的便秘都有疏通结果，特别是对胃状膨大部等大肠便秘更为有用。

1. 保定

将病马放于栏内保定，用绳子吊起尾巴。

2. 麻醉

为使肛门及直肠松弛，可施行后海穴封闭，即以 10 ~ 12 cm长的封闭针头与脊柱平行刺入后海穴 10 cm，注射 1% ~ 2% 普鲁卡因液 20 ~ 40 ml。

3. 装着塞肠器

塞肠器有塑料和球胆制的两种。塑料塞肠器长约 15 cm，前端直径为 8 cm，后端直径为 10 cm，中间直径为 2 cm 的孔道。将塞肠器表面涂以润滑剂，塞入直肠内，连上灌肠器胶管，即可进行灌肠。球胆制塞肠器，是将带嘴的排球胆剪两个相对的孔，中间夹一根直径 1 ~ 2 cm 的胶管，再用胶密封住两剪孔，胶管的两端各露出 10 ~ 20 cm。塞入直肠后，向球胆内打气，胀大的球胆堵住直肠膨大部，即自行固定。

如无塞肠器时，可将胶管插入直肠内，术者双手把胶管和肛门一起捏住，即可防止液体外溢。该法不可封闭后海穴，以免肛门括约肌松弛，不易捏紧。尾巴也不必吊起或拉向一侧，任其自然下垂，避免动物努责。

4. 灌水

将灌肠器胶管连接塞肠器，缓缓灌入温水或 10% 温盐水 10 ~ 40 L。灌水量依据便秘的部位而定，一般小结肠便秘不超过 10 L；胃状膨大部、左下大结肠及骨盆弯曲便秘，可灌 20 ~ 30 L；盲肠便秘，可灌 30 ~ 40 L。灌肠开始时，水进入顺利；当水到达结粪阻塞部位时则流速缓慢，甚至随病畜努责而向外反流；当水流过结粪阻塞部，继续向前流时，水流速度又见加快。如病畜腹围少增大，并且腹痛加重，呼吸增加，胸前微微出汗，则表示灌水量已适度，应停止灌肠。灌水后，经10 ~ 20分钟取出塞肠器。

另外，调压灌肠器深部灌肠的效果更好，既能使灌肠水通过结粪，又可反映肠内压力，提高了对重症便秘的治疗效果，安全可靠。

十五、反刍兽和猪的食饵疗法

反刍兽和猪的食饵疗法基本与马相同。由于反刍兽和猪的生理构造及生活习性等与马相同，考虑其特点给予适当的照顾。

（一）反刍兽食饵疗法

对反刍兽采用食饵疗法时，不可长期单一喂麸子，易发生瘤胃臌气。最好麸子经过发酵处理或与软干草、青草、块根类和甜菜渣等配合使用。不要长期采用粥样饲料喂养，易造成前胃弛缓和消化扰乱。反刍兽患前胃弛缓时，食饵疗法适用。为改善绵羊和山羊的食欲，刺激胃肠道的分泌和运动机能，可在饲料中加入少量艾蒿成分的干草。

（二）猪食饵疗法

近年来，广大群众创造了许多以粗代细的饲料，发酵饲料就是其中的一种，如黑曲霉、庆曲、中曲海水发酵饲料，盐水发酵饲料等，都是以粉碎玉米秸、花生蔓、豆秸、地瓜蔓、青干草及各种树叶等为原料制作的。经过发酵后，提高了营养成分及可吸收率，具有可口的香甜味，猪爱吃，吃的多，增膘快。

猪病期最好的食饵饲料，是麦麸、高粱细糠、豆饼、粟米细糠、干草粉所制成的混合饲料，还有发酵饲料、甜菜、胡萝卜及其他青饲料等。

十六、普鲁卡因封闭疗法

这种病因疗法是将一定浓度的盐酸普鲁卡因溶液，注射于机体组织内或血管，在兽医临床已得到广泛应用。

（一）血管封闭法

将0.25%盐酸普鲁卡因溶液，按1 ml/kg缓慢静脉注射，每天1次，连续3～4天。常用于治疗挫伤、烧伤，去势后水肿，久不愈合的创伤，湿疹和皮肤炎症等。

（二）四肢环状封闭法

一般注射于病灶上方3～5 cm健康组织处，0.25%～0.5%的盐酸普鲁卡因溶液可分3～4点注射。本法常用于治疗四肢蜂窝织炎初期，愈合迟缓的创伤及蹄部疾病。

（三）病灶局部周围封闭法

在患部周围健康组织，注入0.25%～0.5%盐酸普鲁卡因溶液，每天或隔天1次。为了提高疗效，可于药液内加入50万～100万U青霉素。

常用于创伤、溃疡、急性炎症等的治疗。

（四）穴位封闭法

临床上常用0.25%～0.5%盐酸普鲁卡因溶液注入抢风穴或百会穴，分别治疗前后肢的疾病，每日1次，连用3～5次。

（五）肾区封闭法

将盐酸普鲁卡因溶液注入肾脏周围脂肪囊中，封闭肾区神经丛，适于治疗各种急性炎症，包括化脓性炎症，对胃扩张、肠臌胀、肠便秘也有疗效。

（六）交感神经胸膜上封闭法

把普鲁卡因溶液注入胸膜外、胸椎下的蜂窝组织里，阻断所有通向腹腔和盆腔器的交感神经通路。这种方法可控制腹腔和盆腔器官手术后炎症的发展。

十七、化学疗法

化学疗法是应用各种化学药物，配合机体的防卫功能，作用于一定的病原微生物。因此，它是由机体、化学治疗剂和病原微生物三者结合的治疗体系，有磺胺类药物疗法、抗生素疗法、葡萄糖疗法及碳酸氢钠疗法等。

（一）磺胺类药物疗法

目前应用于兽医临床的抗感染磺胺类药物已达20多种。磺胺类药物有易于保管、抗菌谱广、适应证多、内服后吸收快、在血液中高浓度维持较长时间等特点。对磺胺类药物高度敏感的微生物有链球菌、肺炎球菌、破伤风杆菌及沙门杆菌等；次敏感的微生物有大肠杆菌、葡萄球菌、炭疽杆菌、马鼻疽菌、巴氏杆菌、布氏杆菌、李氏杆菌、球虫、球菌及弓形虫等。

1. 磺胺类药物的分类

根据磺胺类药物吸收及血液中的溶解程度，可分为以下4类：

（1）全身用药：这类药胃肠道吸收较好。主要有氨苯磺酰胺（SN）、磺胺吡啶（SP）、磺胺嘧啶（SD）、磺胺二甲基嘧啶（SM2）、长效磺胺C（SD－36）、长效磺胺A（磺胺甲氧嗪、SMP）、长效磺胺E（磺胺二甲氧嘧啶，SDM）、周效磺胺（4－磺胺－5，6－二甲氧嘧啶，SDM）等。

（2）胃肠道疾患用药：这类药胃肠道吸收较少，主要由粪便排出。主要有磺胺胍(磺胺脒,SG)、酞磺胺噻唑(羧苯甲酰磺胺噻唑,PST)及可泻痢宁(羟喹酞磺胺噻唑,QQPST)等。

(3)尿道疾病用药:这类药吸收快,主要从尿道排出。主要有磺胺异嘧啶(SM')、磺胺甲基异噁唑(新诺明,SMZ)、磺胺异噁唑(菌得清,SIZ)磺胺苯吡唑(SPP)、氨苯磺酰胺(SN)等。

(4)创伤、局部黏膜用药:这类药进入血液溶解快。主要有醋酰(磺醋酰胺,SA)、甲磺灭脓(磺胺米隆、磺胺苄胺,SML)、磺胺嘧啶银(烧伤宁,SD－Ag)、氨苯磺酰胺(SN)等。

2. 长效磺胺类药物

长效磺胺类药物在体内维持时间长,效果比较好,广泛应用于临床,颇受欢迎。磺胺－6－甲氧嘧啶,别名长效磺胺C、制菌磺、SMM、DS－36,主要对金黄色葡萄球菌、链球菌、大肠杆菌、绿脓杆菌、沙门杆菌及球菌等作用大。磺胺－甲氧嗪,主要对马流脑、马及牛流行性乙型脑炎、肺炎、子宫炎及尿道炎等疗效较好。此药毒性较强,过敏反应较重,使用时注意。磺胺－3－甲氧吡嗪,主要用于呼吸道、肠道及尿道感染。磺胺2,6－二甲氧嘧啶,适用于呼吸道、泌尿道及消化道感染、局部感染及秋虫病等。磺胺－5－甲氧嘧啶,别名长效磺胺D、消炎磺、SMD,对革兰阳性和革兰阴性细菌都有效,尤其对化脓性链球菌、沙门杆菌和肺炎杆菌等有良好的抗菌作用。磺胺5,6－二甲氧嘧啶,别名4－磺胺－5,6－二甲氧嘧啶、周效磺胺、SDM、SDX,在长效磺胺类药物中药效最长,在人体内的半衰期为203小时,在动物体内维持时间较短,可用于呼吸道、泌尿道及软组织的感染,对菌痢有一定的疗效。

3. 磺胺增效剂

主要有磺胺增效剂(别名氧苄胺嘧啶,三甲氧苄胺嘧啶,TMP)、敌菌净(别名二甲氧苄胺嘧啶,DVD)。此类制剂与磺胺类药物联合应用时,可以增效4～30倍,药价低,副作用较小或无副作用。TMP或DVD和磺胺类药物按1∶5混合均匀后使用(用药剂量按混合后的量计算)。对各种细菌或原虫感染疾病均有效,尤其对禽兔球虫病、禽霍乱、弓形虫病、羔羊痢疾、各种肺炎及仔猪白痢等疗效显著。

4. 应用磺胺类药物注意事项

(1)发病早期用药。口服药将日量分为4~6包,首次用量最大,而后改成维持量,每4~6小时服1次。注射用药,将日量分为2次,早、晚各注射一次,也要首次加量。磺胺类药物可连用3~10天,或更长。要在临床症状消失或体温下降2~3天后再停药。

(2)长期或过量使用磺胺类药物,会引起磺胺中毒,出现结膜炎、皮炎、白细胞减少症、网状红细胞增多症、神经周围炎、肾结石、消化不良及胃肠炎等。因此在用药期间,病畜出现排尿姿势异常、消化不良、不爱吃草、拉稀等症状时应立即停药。为了避免磺胺中毒,可用等量或半量的碳酸氢钠,也可在用药期间每天灌服补中益气散一副。

(3)一般磺胺类药物不可只用一次,特别是患传染病、重病畜禽,要有系统疗程的治疗方案。在使用磺胺类药物期间,避免使用硫化物、普鲁卡因、硫酸镁、硫酸钠、乙酰苯胺等。长期应用磺胺类药物,应适量补充维生素制剂,尤其是维生素 B_1、维生素 C、维生素 D、维生素 A 等。肝脏及肾脏等疾病禁用磺胺类药物。

(4)静脉注射磺胺类药物时滴速不宜过快,用前药液适量加温。

(二)抗生素疗法

抗生素一般是细菌、放线菌、霉菌或其他微生物在繁殖过程中所产生的,具有抗菌作用的一类物质。

1. 抗生素的分类

(1)青霉素类:青霉素 G。

(2)长效青霉素:普鲁卡因青霉素、苄星青霉素。

(3)广谱半合成青霉素:氨苄青霉素、羧苄氨苄青霉素。

(4)抗耐药半合成青霉素(治疗耐青霉素的金黄色葡萄球菌感染):甲氧苯青霉素(新霉素 I、二甲氧苯青霉素)、苯唑青霉素(新霉素 II)、乙氧萘青霉素(新霉素 III)、邻氯青霉素、双青霉素。

(5)红霉素及其他抗耐药菌株的抗生素:红霉素、新霉素、万古霉素、杆菌肽、先锋霉素(头孢菌素),对治疗耐青霉素的金黄色葡萄球菌的感染效果较好。

(6)四环素类(族):金霉素、去甲金霉素、土霉素、甲烯土霉素、强力霉素(去氧土霉素)、四环素、二甲胺四环素。

(7)链霉素及其他抗生素(包括抗结核菌素):链霉素、卡那霉素、新霉素、庆大霉素、巴龙霉素、抗敌素(多黏菌素 E),春雷霉素、创新霉素、紫霉素、环丝氨酸、利福平、乙胺丁醇。

(8)抗霉菌抗生素:灰黄霉素、制菌霉素、二性霉素 B、曲古霉素、克霉唑。

(9)抗肿瘤抗生素:自力霉素(丝裂霉素 C)、更生霉素(放线菌素 D)、争光霉素、光辉霉素、正定霉素。

2. 抗生素的应用

(1)青霉素(青霉素 G、苄青霉素):青霉素粉剂的剂量为 0.5 万~1 万U/kg·天,用0.9%生理盐水或注射用水溶解后肌内注射,静脉注射疗效尤佳。常溶于 0.9%生理盐水 500 ml 或 5%葡萄糖盐水后作静脉注射。青霉素在血液中有效浓度维持时间较短,必要时可以每天两次静脉注射。配制好的青霉素溶液放置不得超过 4 小时,若超过则按时效处理。一般细菌对青霉素不易产生抗药性,但金黄色葡萄球菌容易产生,因为它能产生破坏青霉素的"青霉素酶"。

(2)甲氧苯青霉素:抗菌作用与青霉素 G 相同,稍弱。但它耐青霉素酶,故专用于各种耐青霉素 G 的金黄色葡萄球菌感染。本品水溶液极不稳定,用时现用注射用水稀释,肌内注射。马、牛每次 1~2 g,猪、羊 0.3~0.8 g,每天 2~3 次。

(3)链霉素:每千克体重、每次剂量为 2~5 mg,每天 2~3 次。常用于肌肉、皮下、脊髓外腔、胸腔、腹腔的病灶局部。治疗菌痢时,按每 50 kg 体重 1 g 口服。对于应用青霉素及磺胺类药物无效的疾病,常采用链霉素治疗。链霉素对细菌性毒素、滤过性病毒及真菌均无效。

(4)金霉素:也叫氯四环素,优点是毒性不大,不降低免疫强度,可加强肺内气体代谢。适用于肺炎、出血性败血症、葡萄球菌性乳房炎、急性胃肠病、雏鸡白痢、布氏杆菌病、马腺疫等。口服 15~25 mg/kg,每天内服 3~4 次;静脉注射(用甘氨酸钠作缓冲剂),日量 10~15 mg/kg。预防雏鸡白痢时,10 日龄以内的,每千只鸡投给 1 g;对较大的每千只鸡可用 1.2 g(均为日量),将日量分 2~3 次内服。

(5)四环素类:四环素类药物为广谱抗生素,对多数革兰阳性或革兰阴性菌有抑制作用,还能抑制肺炎支原体、螺旋体、立克次体和某些较大型病毒。临床常以注射剂型治疗幼畜副伤寒、马鼻疽、猪气喘病、急性胃肠感染、犊牛白痢、猪肠炎及马副伤寒性流产等。四环素类有较大的副作用,刺激胃肠道,对肾脏有毒性,一般用药时要注意观察。

静脉、肌内注射量(日量):大、中家畜15 mg/kg,小动物10 mg/kg,分1~2次注射。内服量(日量),驹、犊10~20 mg/kg,小动物每5~10 mg/kg,分3~4次内服,连服日期不可过长。

(6)红霉素:红霉素的抗菌谱与青霉素G相似,但较广。临床上常用于耐青霉素的葡萄球菌所引起的各种感染,如肺炎、败血症、急性乳房炎,以及疔、痈等,也可用于链球菌、肺炎双球菌的感染。其副作用是:如果静脉滴注的速度过快,药液浓度较高时,可发生静脉炎;大量或多次内服时,对消化道有刺激作用。静脉注射,马、牛1~1.5 g,羊、猪0.1~0.3 g,每12小时一次。内服剂量(日量),猪、狗8 mg/kg,分3~4次内服。注意红霉素溶解时,要用5%葡萄糖或注射用水,不可用生理盐水。

(7)新霉素:新霉素抗菌谱比青霉素G及链霉素广泛,对多种革兰阳性或革兰阴性细菌(包括结核杆菌)有较好的作用。最敏感的是革兰阴性细菌中的大肠杆菌;较敏感的是革兰阳性细菌中金黄色葡萄球菌、炭疽杆菌,革兰阴性细菌中产气杆菌、变形杆菌及痢疾杆菌;对绿脓杆菌不敏感;对霉菌、病毒及立克次体无效。新霉素常用于治疗腹泻(尤其是大肠杆菌引起的腹泻)、肠道感染、泌尿道感染、烧伤、溃疡、脓包疖病等。

治疗腹泻,每日25~50 mg/kg,分3~4次口服(因肌内注射易引起严重肾损害,不宜采取)。

(8)卡那霉素:广谱抗生素,其抗菌谱与新霉素大致相同。对耐药的葡萄球菌、大肠杆菌、产气杆菌、沙门杆菌及变形杆菌均有抗菌作用。临床主要用于治疗猪气喘病、败血症、心内膜炎、尿道及肺部感染、耐葡萄球菌和革兰阴性细菌所引起的各种严重感染。较长期或用量过大时,对肾脏有损害作用,可出现蛋白尿,尿中出现红、白细胞,个别出现血尿,停药后不久尿即可恢复正常。肌内注射(兽用卡那霉素),猪2万~4万U/kg,1~2次/天。疗程一般不要超过10天。

(9)庆大霉素:广谱抗生素。对革兰阳性或革兰阴性细菌都具有较强的抗菌作用,特别对绿脓杆菌、大肠杆菌、变形杆菌及耐药性金黄色葡萄球菌的感染有显著疗效,但也可引起细菌耐药性。临床用于治疗败血症、疑似马脑炎、猪脑膜炎、化脓性腹膜炎、肺炎、软组织感染、尿道感染及大面积烧伤等。肌内注射量,马、牛 200~400 mg/次,猪、养 50~100 mg/次,3~4 次/天,7~10天为一疗程。庆大霉素也可腔内注射(脓腔或胸腹腔)。

(10)土霉素:又叫地霉素或氧四环素,其主要作用及注意事项等参照四环素。肌内或静脉注射,15~30 mg/kg,分 2~3 次注射。适用于肺炎、痢疾、肾炎、出血性败血症、腹膜炎、胸膜炎、支气管炎、咽喉炎等。对猪气喘病、马鼻疽的疗效较好。大家畜最好不口服,因有时可出现急性肠炎等副作用而死亡。幼畜和猪可以口服,每天 50~100 mg/kg,分 3~4 次内服。静脉注射用盐酸土霉素,用生理盐水或 5% 葡萄糖溶液稀释成 0.5% 以下的溶液;肌内注射也用盐酸土霉素,用土霉素溶媒(由 5% 氯化镁和 1% 普鲁卡因配成)制成 5% 溶液,多点肌内注射;驹、犊及小动物口服多用土霉素碱。

3. 使用抗生素的注意事项

(1)对病情比较严重,体温显著升高的病畜,要详细分析病情,找出引起感染的微生物,然后再选用有针对性的抗生素治疗。

(2)按时使用抗生素,以维持药物在体内的有效浓度。每天注射 4~6 次的药物,第一次剂量要大,以后用维持量,连续用到痊愈后第二天为止。

(3)选用抗生素要考虑到副作用,必要时用中草药辅助治疗。

(4)抗生素是由微生物所产生的物质,应放在阴凉避光处保存。

(5)抗生素联合静脉注射时有很多配伍禁忌,要参照配伍禁忌表来配伍。

(三)葡萄糖疗法

葡萄糖可使血管扩张,改善微循环,促进肝细胞及网状系统细胞的活力,增强机体的抵抗能力;增加肝脏内肝糖的储量,增强肝脏的解毒能力;改善组织的代谢机能;低血糖时,葡萄糖对心脏血管有强壮作用;延长抗生素在血液中的维持时间。

葡萄糖液体有5%等渗溶液或10% ~50%高渗溶液两种，一般作为溶液和其他药物一起静脉注射或补充体液。高渗葡萄糖可以用来治疗脑水肿、肺水肿及心肌营养不良。

（四）碳酸氢钠疗法

碳酸氢钠可以调节体内酸碱平衡，菌体所产生的内、外毒素具有较强的抗毒作用，对治疗炎性肿胀、蜂窝织炎、风湿性蹄炎、风湿症、腺疫、创伤、重剧胃肠炎、大面积烧伤、败血症、马麻痹性肌红蛋白尿症、骨折、过劳症、醋酮血病、手术后的病畜、腱炎及腱鞘炎等都有较好的疗效。一般病例在注射碳酸氢钠溶液之后，病畜炎症很快减轻，体温下降1.5℃左右，临床症状明显好转。

碳酸氢钠液体一般有250 ~500 ml，病畜症状较轻的250 ml/次，每天以100 ml递增，5天为一疗程。值得注意的是，碳酸氢钠液体不可加温（50℃以上）。

（五）呋喃类药物疗法及适应证

呋喃类药物均系硝基呋喃的衍生物，临床常用呋喃妥因（呋喃坦啶）和呋喃唑酮（痢特灵）。有较强的抗菌作用，对革兰阳性或阴性细菌具有良好的抑菌或杀菌作用。对仔猪白痢、仔猪副伤寒、犊牛白痢、急性咽喉炎、猪水肿病、急性扁桃腺炎、急性肾盂炎、急性溃疡性膀胱炎、尿道炎、急性口膜炎、胃肠炎、肠内异常发酵、阴道炎、子宫内膜炎，以及创伤、化脓创、齿槽脓肿、穿孔性腹膜炎、各种皮肤病等，呋喃类药物都有一定的疗效。呋喃类药物可防止外科手术化脓感染。

根据动物内服后吸收情况的不同，呋喃唑酮多用于治疗肠道感染，呋喃妥因多用于治疗泌尿系感染。呋喃唑酮适用于肠道感染、火鸡黑头病，内服0.007 ~0.1 g/kg，1 ~2次/天。呋喃妥因适用于泌尿道感染，内服量0.007 ~0.1 g/kg。因呋喃类药物影响增重，临床治疗时可连用3天，特殊情况也决不可超过7天。

十八、激素疗法

激素包括可的松类皮质激素、胰腺激素、肾上腺素、性腺激素及垂体激素等。根据肾上腺皮质激素的主要生理功能，可分为糖皮质激素及盐类皮质激素两大类。糖皮质激素有可的松、氢化可的松、去氢可的松及去氢可的松等，主要作用是影响血糖和酸性粒细胞的增减，具有显著的抗炎作用。盐类皮质激素，有去氧皮质酮、皮质酮及醛固酮，和水及电解质代谢（水盐代谢）有密切关系。

（一）皮质激素类药物的临床作用

1. 抗炎症作用

皮质激素能抑制炎症反应，使局部毛细血管渗透性降低，渗出液减少，肿胀消退，疼痛减轻。能增强肾上腺皮质机能不足的动物对感染的抵抗力，相对减弱细菌致病力。

2. 抗过敏作用

过敏反应属于机体内抗原—抗体的反应。皮质激素类药物抑制抗原—抗体的反应。

3. 抗风湿作用

皮质激素类药物可迅速消除肿胀，减轻疼痛，但不能根除风湿症，用药后容易复发。临床多采用和其他抗风湿药物联合应用，效果满意。

4. 抗毒作用

皮质激素类药物能对抗体内细菌所产生的毒素，抑制体内因细菌毒素刺激而引起的中性粒细胞释放的热源刺激物，使体温下降。

5. 抗休克作用

皮质激素类药物能增强小动脉对去甲肾上腺素等升压物质的敏感性，使血压上升，并能改善微循环，增加静脉回流血量，增加心脏血液输出量，解除休克状态，以缓解病畜的危机状态。

（二）皮质激素类药物的适应证

对牛醋酮血症有较好疗效，对蹄叶炎、急性风湿症、风湿性关节炎、风湿性脊椎炎、马麻痹性急红蛋白尿症、毒血症、血清病、肌腱炎、腱鞘炎、黏液囊炎、剥脱性皮炎、炎性浮肿、营养性浮肿、幼驹先天不足症、妊娠搐搦、各种眼炎、关节炎、感染性发热、变态反应性疾患、僵猪症以及休克症候群等，均有一定疗效。

（三）皮质激素类药物的副作用

大剂量或长期应用皮质激素类药物时，可引起钠和氯在体内的蓄积，钾流失，水肿，甲状腺及肾上腺皮质机能减退，网状内皮系统的吞噬能力减弱，肌肉无力，骨质疏松，脱钙，创口愈合迟缓，加速蛋白分解(转化为糖)和抑制蛋白合成等副作用。此外，皮质激素类药物能使淋巴细胞和中性粒细胞减少，可能影响鼻疽菌素点眼、结核菌素点眼、皮内注射效果及实验室诊断结果。

(四)使用皮质激素类药物注意事项

对某些急性垂危病例，用适当的皮质激素剂量配合综合治疗方案，能取得良好的疗效。在大多数情况下，皮质激素类药物只能缓解病情，不能根治。在治疗时要对症配合相应的药物，才能见效。长期应用皮质激素类药物应控制钠盐摄入量，注意补充钾盐，可以口服氯化钾 10 ~ 20 g/天(分 3 次服用)。长期应用皮质激素类药物，能抑制脑垂体前叶分泌促肾上腺皮质激素，使肾上腺皮质机能减退，故在治疗中不可突然停药，应逐渐减量。皮质激素类药物能抑制糖的利用，促使肝糖原和血糖增加，并抑制肾小管对糖的吸收，故可引起糖尿病。皮质激素类药物能促进蛋白分解转化为糖和抑制蛋白的合成，如长期大量应用，可引起水肿、肌肉无力、骨质松软、牙齿脱落、伤口愈合不良等。皮质激素类药物对细菌无抑制作用，并容易使潜伏在感染病灶(例如化脓性病灶、结核或鼻疽)活动和扩散，应用要慎重。

(五)常用皮质激素类药物的适应证及剂量

1. 促皮质激素(促肾上腺素皮质激素，ACTH)

常用于治疗马血斑病、牛醋酮血病、马麻痹性肌红蛋白尿症、严重烧伤、急性风湿症、僵猪症及急性风湿性关节炎等。马 150 ~ 400U，牛 300 ~ 500U，猪 10 ~ 50U，皮下或肌内注射，1 ~ 2次/天。

2. 醋酸可的松(皮质素)

常用于治疗血斑病、牛醋酮血病、马麻痹性肌红蛋白尿症、风湿性关节炎、僵猪症、休克及过敏性疾病。临床一般常用 2.5% 醋酸可的松灭菌生理盐水混悬液。马、牛 40 ~ 80 ml/日，猪 2 ~ 6 ml/天，分两次静脉注射。本溶液也可以作关节囊或腱鞘囊注射，或点眼(眼炎)。

3. 醋酸氢化可的松注射液

适用于皮肤、黏膜及关节腔等局部用药。关节腔与腱鞘内注射，马、牛 2～10 ml，间隔 4～7 天注射一次（常用规格为5 ml，含 125 mg）。

4. 去氢可的松（强的松、泼尼松）

其抗风湿性和抗炎作用比氢化可的松强 4～5 倍。该药副作用较少，长期使用对盐类代谢作用影响较小，不致引起水肿。常用于治疗各种风湿症、中毒性休克、僵猪症、过敏疾病、某些严重感染。马 150～300 mg，牛 200～400 mg，羊、猪 5～20 mg，肌内注射，每天 1 次。

5. 去氢可的索（泼尼松龙、强的松龙、去氢氢化可的松）

本品作用比强的松稍强，比氢化可的松强 6～8 倍。醋酸泼尼松龙混悬液可作肌内、关节腔或鞘膜内注射；碳酸钠泼尼松龙注射液，静脉注射。马 50～150 mg，牛 100～200 mg，小动物 0.5～1 mg/kg。

6. 氟美松（氟甲泼尼松龙、氟甲强的松龙、地塞米松、甲氟烯索）

抗炎及抗过敏的作用比去氢可的松更为显著，且副作用较小，故在激素类药物中只有氟美松被临床经常采用，治疗马和牛的过敏性感染、急性皮炎、血斑病、风湿热、牛醋酮血病、马麻痹性肌红蛋白尿症、僵猪症等。马 50～100 mg，牛 75～150 mg，猪 5～10 mg，肌内或静脉注射。

7. 去氧皮甾酮（醋酸去氧皮质酮，DOCA）

常用于治疗肾上腺皮质功能减退、慢性过劳症及老龄瘦弱家畜等。马、牛 25～100 mg，肌内或皮下注射，1～2 次/天。

8. 胰腺激素（胰岛素）

参加体内血糖的神经调节，常用于治疗马麻痹性肌红蛋白尿病、胃酸过低性胃炎、肝病、衰竭症及糖尿病等。在用胰岛素之前，一般为防止血糖急剧降低，可静脉注射葡萄糖。马 100～400 U，牛 150～450 U，羊、猪 15～50 U，皮下注射。

9. 肾上腺激素（肾上腺素、副肾素）

常用于治疗急性心脏衰竭、各种休克及药物过敏引起的休克，也可以作为胃、鼻、膀胱及子宫等出血时的止血剂。一般临床常用 0.1% 盐酸肾上腺素溶液。马、牛 1～3 ml，羊、猪 0.2～0.8 ml，静脉注射。马、牛 5～10 ml，羊、猪 1～3 ml，皮下注射。

10. 生殖激素

生殖激素与生殖过程具有密切的联系，对家畜第二性征的发育、成熟及释放，两性行为以及生殖周期的调节均起着重要作用。特点是在血液中很快消失，但有时还有蓄积作用。少量的生殖激素能引起很大的生理变化。生殖激素的作用具有一定的选择性。生殖激素间具有协同或抗衡作用。在使用生殖激素时要特别慎重，首先要给予畜体所需要的激素，临床尽量应用最小剂量，并忌多次或反复使用，以免造成病畜生殖激素的内分泌紊乱（表2）。

表2　　生殖激素的种类、来源及主要作用

种类	名称	简称	来源	主要作用	化学性质
释放激素	促性腺素释放激素	GnRH	丘脑下部（下丘脑）	促进垂体前叶释放黄体素（LH）及卵泡素（FSH）。	十肽
	促乳素释放因子	PRF	丘脑下部	促进垂体前叶释放促乳素。	
释放激素	促乳素抑制因子	PIF	丘脑下部	抑制垂体前叶释放促乳素。	三肽
	促甲状腺素释放激素	TRH	丘脑下部	促进垂体前叶释放甲状腺素（TSH）和促乳素。	
促性腺激素	促卵泡素（卵泡刺激素或促卵泡成熟素）	FSH	垂体前叶	促使卵泡发育和成熟，促进精子发生。	糖蛋白
	促黄体素（黄体生成素或间质细胞刺激素）	LH 或 ICSH	垂体前叶	促进卵泡排卵，形成黄体，促进孕酮、雌激素及雄激素的分泌。	蛋白质
	促乳素（催乳素或促黄体分泌素）	LTH	垂体前叶	促进黄体分泌孕酮，刺激乳腺发育及泌乳，促进睾酮的分泌。	糖蛋白

（续表）

种类	名称	简称	来源	主要作用	化学性质
性腺激素	雌激素（雌二醇为主）		卵巢、胎盘	促进发情行为，反馈控制促性腺激素，维持第二性征，促进乳腺管道发育、雌性生殖道发育，增强子宫收缩力。	类固醇
性腺激素	孕激素（孕酮为主）		卵巢、黄体、胎盘	与雌激素共同作用于发情行为，维持妊娠，抑制子宫收缩，促进子宫腺体发育、乳腺泡发育，抑制促性腺激素作用。	类固醇
	松弛素		卵巢、胎盘	促进子宫、耻骨联合、骨盆韧带松弛，妊娠后期保持子宫松弛。	多肽
	雄激素（睾酮为主）		睾丸间质细胞	维持雄性第二性征，副性器官，刺激精子发生、性欲、好斗性。	类固醇
胎盘促性腺激素	绒毛膜促性腺激素（人） 孕马血清促性腺激素	HCG	灵长类胎盘绒毛膜	与LH相似。	糖蛋白
其他	催产素		垂体后叶	子宫收缩、放乳。	

11. 前列腺素

不同类型的前列腺素具有不同的生理作用。PGE2 和 PGF2x 可诱发分娩或流产和破坏黄体。PGF2x 破坏黄体,促使子宫收缩的作用很强,PGA1 可抑制胃液分泌。PGE1 及 PGE2 可使气管扩张。前列腺素(PGS)能破坏牛的功能黄体,一般用于母奶牛的同期发情。

此外,孕马血清促性腺激素也是一种促进发情和排卵的良好药物,使用方便,价格低廉,无副作用。一般多使用孕马全血,以妊娠 40 ~ 60 天孕马的血液中含激素量最高,可现采现用,也可采时加入防凝剂,放入冰箱中储备使用。马肌内注射 20 ~ 25 ml,每天 1 次,连用 3 天。牛每次肌内注射 35 ~ 40 ml,羊、猪肌内注射 3 ~ 5 ml,隔天可再注射一次。

12. 垂体激素

垂体激素通过中枢神经系统作用并调节其他内分泌的机能。

十九、维生素疗法

维生素可分为脂溶性维生素和水溶性维生素。脂溶性维生素主要有维生素 A、维生素 D、维生素 E 及维生素 K。水溶性维生素主要有维生素 B_1、维生素 B_2(核黄素)、维生素 C 族、维生素 P、维生素 B_6、维生素 PP、泛酸、维生素 B_{12}、对氨基苯甲酸、胆汁素、叶酸、维生素 U(碘甲基甲硫氨基酸)、生物素(维生素 H)等。

(一)维生素 A

临床常用于治疗各种类型原发和继发的维生素 A 不足症,如夜盲症、干眼症、表皮角化症,呼吸、泌尿及消化道慢性炎症,创伤及溃疡的上皮形成缓慢,醋酮血病及痛风等。

1. 鱼肝油

口服,马、牛 30 ~ 100 ml/天,犊牛、马驹 20 ~ 30 ml/天,羔羊、仔猪 10 ~ 20 ml/天,鸡 2 ~ 5 ml/天,可连续服用。当动物出现消化紊乱时,须立即停药。肌内注射,马、牛 5 ~ 15 ml,犊牛、马驹 3 ~ 7 ml,羔羊、仔猪 0.5 ~ 2 ml,分数点注射,便于吸收。选用维生素 A、D 注射液(肌内注射)更为安全,犊牛、马驹 4 万 ~6 万 U,羔羊 2 万 ~3 万 U,仔猪 1 万 ~2 万 U。

2. 苍术

苍术是一种中药，含有多量比较容易吸收的维生素 A、D。内服剂量（日量）：马、牛 40～80 g，犊牛、马驹 15～25 g，羔羊、仔猪 10～20 g，鸡 3～5 g。长期服用，不会出现副作用。

另外，含维生素 A 丰富的饲料有许多，如胡萝卜、紫苜蓿、各种麦类、树叶、三叶草、向日葵叶、箭舌豌豆、扫帚苗草、骆驼蓬、灰菜等。

（二）维生素 C（抗坏血酸）

临床常用于治疗坏血病、出血性疾病等，都很有效；也常用于一些传染病、中毒症，以提高机体抵抗力；在创伤、骨折时应用维生素 C，可提高其再生能力，促进早期愈合；也可用于治疗心脏病、皮肤病。血液凝固性增高时，禁止用维生素 C。兽医临床多采用静脉注射维生素 C。马 0.5～1.5 ml，牛 0.7～3 ml，羊 0.2～0.5 ml，猪 0.1～0.5 ml。各种青草、青菜、针树叶、优良干草、青贮料及块根类等饲料中，都含有维生素 C。

（三）维生素 D

临床常用与治疗佝偻病、软骨病、仔猪抽搦，以及骨折的愈合等。维生素 D 制剂，鱼肝油及维生素 A、D 注射液都含有丰富的维生素 D，用量和用法参照维生素 A。

（四）维生素 B 族

许多饲料维生素 B 含量都很丰富，如麦类、谷类的皮壳、胚芽酿酒酵母、糠麸、大豆、马铃薯、种胚、优良干草等。大麦及青稞芽中含有维生素 B_2。机体缺乏维生素 B 族时，可选用上述食饵治疗，或选用维生素 B 族的制剂口服或肌内注射。

（五）维生素 E（生育酚）

动物机体缺乏维生素 E 时，生殖器官萎缩和退化，失去生育能力，可引起白肌病（特别仔猪和羔羊）和肌肉营养不良。

动物的肝脏、亚麻籽油、牛蒡籽油、棉籽油等都含有维生素 E。当机体缺乏时，可选用这些物质作食饵治疗，或选用维生素 E 内服或肌内注射。

二十、针灸疗法

应用各种不同类型的针具，刺入畜体一定的穴位，给以适当的机械刺激，达到通经活络、宣导气血和扶正祛邪的治疗目的，这种方法叫做针。应用艾绒制成艾卷，点燃后熏灼畜体的穴位，利用温热灼痛的刺激疏通经络，驱散寒邪，达到治疗目的，这种方法叫做灸。

（一）针具

1. 针具

兽医临床上一般常用的针具，可分为圆利针、三棱针、宽针等。

（1）圆利针：圆利针分为两类，针体粗 1.5～2 mm、长10 cm以下的叫圆利针；针体在 0.64～1.25 mm、长 8～10 cm 的圆利针称为毫针，也称为新针。大圆利针一般用于马、牛、猪的关节部位；小圆利针一般用于马、牛眼周围，仔猪或禽的针灸部位。

（2）三棱针：针身呈三棱状，有大、小两种，用于针刺三江、通关、玉堂等较细的静脉丛，或点刺分水穴时使用。

（3）宽针：此针状如矛尖，分大、中、小 3 种规格。大宽针长约 12 cm，放静脉、肾堂、蹄头血时用；小宽针长约 8 cm，放太阳、缠腕血时用；中宽针的长短在大小宽针之间，放带脉、胸堂血时用。

2. 针刺前的准备

（1）检查针具：施针前须选择适当的针具，并检查针有无生锈、带钩或弯折现象。

（2）消毒：选择好的穴位剪毛后，用碘酊消毒，再用 75% 酒精脱碘，待干后施针。针具一般用 75% 酒精消毒或高压消毒。

（3）保定：马、牛宜站立保定于柱栏内，无柱栏时，也可用绳将头及四肢固定好，再行施针。一般对性情温顺的小动物，可由饲养员或畜主帮助按倒施针。

3. 白针

圆利针或宽针，按规定的深度，除血针穴位外的穴位都可施针，通常叫白针。

（1）持针：右手拇、食指夹持针柄以便用力，中指和无名指抵住针身，以辅助进针。

(2)按穴:针刺时,左手切压穴位皮肤,帮助下针;多用指切法,即右手拇指压在穴位旁的皮肤上,针沿指甲边缘刺入。

(3)进针:进针有缓刺法和急刺法。缓刺法可采用上述的按穴方法,将针尖先刺之皮下,然后再捻转进针至所需深度。由于针长或臀部皮厚不宜进针时,可用套管进针法。即利用比针稍短的金属或硬质塑料管,将针套在里面对准穴位,手掌拍打针柄。针尖刺入皮肤后,取下套管,再捻转进针至所需深度。急刺法为左手按穴、右手持针,以持针手拇、食指固定针刺深度,将针尖点在穴位中心,迅速刺入所需深度。缓刺法适合圆利针,急刺法适合宽针。

(4)行针:针刺达到所需深度后,采取提插、捻转等手法,使患畜提肢、弓腰、摆尾、肌肉收缩和皮肤阵颤,即所谓"得气",才能产生疗效。这些手法,按刺激强弱分为强刺激、弱刺激、中刺激。强刺激进针深,提插、捻转幅度大,转快、转重。弱刺激提插快而轻,捻转幅度较小。中刺激介于强、弱刺之间。

(5)退针:行针"得气"后,左手拇、食指夹住针体,同时按压穴位,右手持针柄捻转抽出。

4. 火针

对风湿病、慢性腰胯病有较好的疗效。

(1)烧针:常用酒精灯烧红针尖部分,直接刺入穴位。

(2)针刺:在烧针前要选好穴位,消毒后用龙胆紫做好记号。待针烧红后,执笔式持针,急刺穴位,刺入后不留针或留针稍许。退针时,稍把针体捻动一下即可抽出,针孔用碘酊消毒,用胶布压无菌棉球封闭针孔。

(3)火针穴位:与白针穴位相同,但脉管及关节部位不得用火针。

选穴要准确,保定要确实,针要烧透,每次选穴要 3~5 个,隔 7~10 天扎一次(不得重复穴位),针后针孔要封闭,防止感染。

(二)针刺时意外情况的处理方法

施针过程中,要妥善保定患畜,正确选择针具,遵守操作规程,避免意外事故发生。

1. 弯针

由于病畜骚动或肌肉强烈收缩,常常发生弯针。此时不要用力拔,待病畜安静后，再轻轻捻动针体，然后顺针弯的方向慢慢拔出。

2. 滞针

针刺入肌肉后，不能捻转、提插叫滞针，多因局部肌肉紧张或针身被肌纤维缠绕。此时应停针片刻，揉按局部，消除病畜紧张状态，或轻轻向相反方向捻转针即可退出。

3. 折针

进针时应留适当长度的针体在体外，以防折针时便于拔出。如出现折针应设法迅速取出，如果全部折入体内无法取出时，则用手术办法取出。

（三）常发病的针灸治疗穴位

1. 猪病

(1)感冒：主穴为耳尖、尾尖、玉堂、山根。

(2)中暑：主穴为山根、耳尖、天门、百会、蹄头。

(3)消化不良：主穴为玉堂、脾俞、锁口、牙关、开关。

2. 牛病

(1)气胀：主穴为顺气、脾俞、苏气，严重时针肷俞放气。

(2)感冒：主穴为通关、山根、太阳、百会、尾尖。

(3)腰胯风湿：主穴为肾俞、百会、涌泉、耳尖。

（四）灸术

灸术兽医临床现已不多采用，简单介绍一下艾灸。温和灸是将艾卷点燃后，距穴位 2 ~ 3 cm 熏烤，给患畜一种温和的刺激，每穴灸 5 ~ 10 分钟为合适。将艾卷点燃后，接触一下穴位皮肤，马上离开，再接触，再离开，如雀啄食状，反复进行 2 ~ 5 分钟。此法温热感觉强，应随时注意，不要烧伤皮肤。

第四节　临床常用药物

一、普鲁卡因青霉素

普鲁卡因青霉素，又称苄青霉素普鲁卡因、普鲁卡因青霉素 G、普青、青霉素普鲁卡因。普鲁卡因青霉素为青霉素的普鲁卡因盐，是普鲁卡因与青霉素 G 的等克分子复合物，制剂只适于肌内注射。本品是通过抑制细胞壁黏肽的生物合成起抗菌作用。普鲁卡因青霉素对革兰阳性球菌（链球菌、肺炎球菌、敏感的葡萄球菌）和革兰阴性球菌（脑膜炎球菌、淋球菌）的抗菌作用较强，对革兰阳性杆菌（白喉杆菌）、螺旋体（梅毒螺旋体、回归热螺旋体、钩端螺旋体）、梭状芽孢杆菌（破伤风杆菌、气性坏疽杆菌）、放线菌，以及对个别阴性杆菌（如嗜血杆菌属）也有抗菌作用。本品对产青霉素酶的葡萄球菌无活性。

【药物相互作用】普鲁卡因青霉素与丙磺舒合用，可减少青霉素的排泄，增加青霉素的血清浓度水平。普鲁卡因青霉素与氨基糖苷类药合用，可使氨基糖苷类药的化学性失活，降低氨基糖苷类药的药效。普鲁卡因青霉素可降低避孕药的药效。普鲁卡因青霉素可降低机体对伤寒活疫苗的免疫应答。普鲁卡因青霉素与乙酰半胱氨酸合用，与四环素、氯霉素合用，可使抗菌作用降低。

【用法与用量】粉针剂：每支 40 万 U（含普鲁卡因苄青霉素 30 万 U，苄青霉素钾 10 万 U）、80 万 U（含普鲁卡因苄青霉素 60 万 U，苄青霉素钾 20 万 U），有效期 3 年。本品既有长效，又有速效。临用前以注射用水制成混悬液，肌内注射。

马（驹）、牛（犊）1 万～2 万 U/kg · 次，羊、猪、犬 2 万～3 万 U/kg · 次，每日 1 次。鸡、火鸡 2 万～5 万 U/只 · 次，鸽 1 万～2 万 U/只 · 次，每天 2～3 次。内服（混入饲料或饮水中），雏鸡 2 000 U/只 · 次，幼鹌鹑、鹦鹉 1 000 U/只 · 次，1～2 小时服完。

二、阿莫西林

阿莫西林，又称阿莫灵、阿莫仙、阿莫新、新达贝宁、阿摩西林、安福喜、奥纳欣、弗莱莫星、酚塔西林、广林、奈他美、羟氨苄青霉素、强必林、强力阿莫仙、特力士、益萨林、氧他西林、再林、再灵。阿莫西林为半合成广谱青霉素类药，但其耐酸性较氨苄西林强，杀菌作用优于氨苄西林。通过抑制细菌细胞壁的生物合成，能使细菌细胞迅速成为球形体而破裂溶解，从而发挥抗菌效应。敏感菌为链球菌 A、B、C、F、G 和非分组型，如单核细胞增多性李斯特菌、白喉杆菌、奈瑟脑膜炎双球菌、百日咳杆菌、产气荚膜杆菌属、丙酸杆菌、消化链球菌、牛链球菌、沙门菌、真细菌属、放线菌、钩端螺旋体、梅毒螺旋体。不稳定性敏感菌为青霉素敏感性或耐药性肺炎球菌、肠粪链球菌、大肠杆菌、奇异变形杆菌、志贺菌、霍乱弧菌、流感嗜血菌、淋病奈瑟球菌、梭状杆菌。耐药菌为葡萄球菌、卡他菌属、产酸克雷伯杆菌、肺炎克雷伯杆菌、普通变形杆菌、假单孢菌属、不动杆菌、弯曲杆菌、韦荣球菌、支原体、立克次体、军团菌属、分歧杆菌、脆弱杆菌。血液透析能清除部分药物,但腹膜透析无清除本品的作用。

【适应证】常用于敏感菌所致的呼吸道、尿道和胆道感染以及伤寒等。

【药物相互作用】丙磺舒可延缓阿莫西林经肾排泄,延长其血清半衰期,使本品的血药浓度升高。阿莫西林与氨基糖苷类药合用时,在亚抑菌浓度时可增强阿莫西林对粪链球菌体外杀菌作用。阿莫西林与β-内酰胺酶抑制剂(克拉维酸)合用时,抗菌作用明显增强。克拉维酸不仅可以不同程度地增强产β-内酰胺酶菌株对阿莫西林的敏感性,还可增强阿莫西林对某些非敏感菌株的作用,包括拟杆菌、军团菌、诺卡菌和假鼻疽杆菌。阿莫西林与避孕药合用时,可干扰避孕药的肠肝循环,降低其药效。别嘌呤类尿酸合成抑制剂,可增加阿莫西林发生皮肤不良反应的危险性。阿莫西林与氨甲蝶呤合用时,本品可使氨甲蝶呤肾廓清率降低,从而增加氨甲蝶呤毒性。食物可延迟阿莫西林的吸收,但食物并不明显降低药物吸收的总量。

【用法与用量】

1. 片剂

每片0.25 g。内服,家畜、家禽10~15 mg/kg·次,每天2次。

2. 粉针剂(钠盐)

每支0.5 g、1 g。肌内注射,家畜4~7 mg/kg·次。奶牛乳管内注入,每一乳室0.2 g,每天1次。

三、头孢噻肟钠(头孢氨噻肟)

【性状】本品为白色结晶性粉末,易溶于水。稀溶液无色或微黄色,浓度高时显灰黄色，若变为深黄色或棕色，则表示药物已变质。

【作用与用途】本品对革兰阳性菌的效力与头孢噻吩钠、头孢唑啉钠近似，对革兰阴性菌有较强的抗菌作用。用于敏感菌引起的呼吸道、消化道、皮肤及软组织等感染。

【用法与用量】粉针剂：0.5 g、1 g。静脉注射，马驹 20 ~ 30 mg/kg · 次，每天 4 次。肌内或静脉注射，犬、猫 27.5 ~ 50 mg/kg · 次，每天 3 次。

四、强力霉素

【性状】盐酸多西环素为黄色结晶性粉末，有吸湿性，易溶于水。遮光、密封，保存于凉暗干燥处。

【作用与用途】本品是一种长效、高效、广谱的半合成四环素类抗生素，抗菌谱与四环素相似，但抗菌作用较之强 10 倍。对耐四环素的细菌有效，用药后吸收更好，并可增进体内分布，能较多地扩散进入细菌细胞内，排泄较慢。与四环素等一样，含铝、镁、钙、铁、铋等，可影响此药的吸收。临床上可用于治疗禽类慢性呼吸道疾病、大肠杆菌病、沙门菌病、巴氏杆菌病和鹦鹉热等。一般认为本品毒性较小，但给马属动物静注时，国内已有多起引起严重反应，甚至死亡的报道。

【用法与用量】片剂，每片 0.05 g、0.1 g，有效期 2 年。内服，猪、马驹、犊牛、羔羊 2 ~ 5 mg/kg · 次，犬、猫 5 ~ 10 mg/kg · 次，禽10 ~ 20 mg/kg · 次，每天 1 次。混饲，猪 0.015% ~ 0.025%，禽 0.01% ~ 0.015%。混饮，猪 0.01% ~ 0.015%，禽0.005% ~ 0.01%。

五、氯霉素

氯霉素是由委内瑞拉链丝菌产生的抗生素，分子中含有氯。

【作用与用途】氯霉素对革兰阳性、阴性细菌均有抑制作用，且对革兰阳性菌的作用较强。氯霉素对伤寒杆菌、流感杆菌、副流感杆菌和百日咳杆菌的作用比其他抗生素强，对立克次体感染如斑疹伤寒也有效，但对革兰阳性球菌的作用不及青霉素和四环素。抗菌作用机制是与核蛋白体 50S 亚基结合，抑制肽酰基转移酶，从而抑制蛋白质合成。

各种细菌都能对氯霉素发生耐药性，以大肠杆菌、痢疾杆菌、变形杆菌等较为多见，伤寒杆菌及葡萄球菌较少见。细菌对氯霉素产生耐药性比较慢，可能是通过基因的逐步突变而产生的，但可自动消失。细菌也可以通过R因子的转移而获得耐药性，获得R因子的细菌能产生氯霉素乙酰转移酶，使氯霉素灭活。

氯霉素曾广泛用于治疗各种敏感菌感染，但对造血系统有严重不良反应，故临床现已严格控制。氯霉素可用于伤寒、副伤寒和立克次体病等及敏感菌所致的严重感染。氯霉素在脑脊液中浓度较高，也常用于治疗其他药物疗效较差的脑膜炎患者。必要时可静脉滴注给药。

【用法与用量】

1. 片剂

每片0.05 g、0.1 g、0.25 g、0.5 g。内服，马驹、犊牛、羊、猪、犬、猫10～20 mg/kg·次，每天2次。鸡0.1 g/只·次，兔0.1 g/只·次，每天3次。

2. 注射液

1 ml，0.125 g；2 ml，0.25 g。皮下、肌内、静脉注射，马、牛10～20 mg/kg·次，羊、猪、犬、猫及水貂、狐狸等经济动物10～30 mg/kg·次，家禽50～100 mg/kg·次，鹿30 mg/kg·次，每天2次。肌注时，局部凝固性坏死而影响食肉卫生，改为皮下注射时可缓解。

六、氟本尼考

氟苯尼考是在20世纪80年代后期成功研制的一种兽医专用、氯霉素类的广谱抗菌药，1990年首次在日本上市，1993年挪威批准该药治疗鲑的疖病，1995年法国、英国、奥地利、墨西哥及西班牙批准用于治疗牛呼吸系统细菌性疾病。在日本和墨西哥还批准用作猪的饲料添加剂，预防和治疗猪的细菌性疾病，我国已通过了该药的审批。

氯霉素由于有严重的致再生障碍性贫血的不良反应，许多国家已禁止氯霉素在动物疾病防治上的使用，尤其是食品动物，如美国FDA。在动物尤其是食品动物疾病防治方面，氟苯尼考将替代氯霉素，具有广阔的应用前景。

【作用与用途】本品为动物专用的广谱抗生素，抗菌谱似氯霉素，而抗菌活性优于氯霉素。对耐氯霉素的大肠杆菌、沙门菌、克雷伯菌亦有效。内服与肌注后吸收快，分布广，有效血药浓度维持时间长。主要用于牛、猪、鸡和鱼类的细菌性疾病，如牛的呼吸道感染、乳腺炎，猪的胸膜肺炎、黄痢、白痢，鸡的大肠杆菌病、巴氏杆菌病等。

【用法与用量】10%粉剂：内服（以氟本尼考计），猪、鸡20～30 mg/kg·次，每天2次，连用3～5天。鱼10～15 mg/kg·次，每天1次，连用3～5天。

七、林可霉素（洁霉素）

【性状】本品对金黄色葡萄球菌（包括产酶菌株）、A组溶血性链球菌、肺炎球菌和草绿色链球菌均有较强抗菌活性。多数白喉杆菌、破伤风杆菌、产气荚膜菌等亦对本品敏感。肠球菌大多对本品耐药。

【作用与用途】空腹口服后，吸收量仅有20%～35%，2～4小时到达血药峰浓度，剂量增加血药浓度并不呈比例的增加，食物影响其吸收。肌注后1～2小时血药峰浓度在机体内较高，本品可透过胎盘进入胎儿循环。本品主要在肝内代谢，经胆汁排泄，少部分经肾脏排泄，半衰期为4～5小时。肝肾功能障碍患者，半衰期延长。

本品主要对革兰阳性菌有效，对革兰阴性菌作用小于其他抗生素。如与奇放线菌素合用，对禽类的支原体（霉形体）和大肠杆菌感染，疗效较泰乐霉素强。临床上应用于革兰阳性菌引起的各种感染，特别是用于耐青霉素、红霉素菌株的感染或对青霉素过敏的患畜。本品对猪痢疾有显著疗效，也常用于由支原体（霉形体）或副溶血性嗜血杆菌引起的猪肺炎、关节炎等。猪于孕期100日至分娩后3周，按0.0 055%混饲，在产仔数、窝重、断乳窝重和仔猪体重等方面效果佳，并可减少腹泻的出现。

【用法与用量】片剂或胶囊剂：每片（粒）0.25 g、0.5 g。内服，马、牛6～10 mg/kg·次，羊、猪10～15 mg/kg·次，犬、猫15～25 mg/kg·次，每天1～2次。

八、红霉素

【性状】本品为白色或近白色的结晶或粉末，微有吸湿性，难溶于水，其盐类易溶于水。

【作用与用途】红霉素为快速抑菌剂，能抑制细菌蛋白质的合成。本品抗菌谱与青霉素相似，对各种革兰阳性菌有较强的抗菌作用；革兰阴性菌中敏感的有流感杆菌、巴氏杆菌、布鲁杆菌等。此外，本品对肺炎支原体（霉形体）、立克次体、钩端螺旋体等也有效。大多数敏感菌对此药易产生耐药性。临床上主要用于耐药性金黄色葡萄球菌、溶血性链球菌引起的严重感染（如肺炎、败血症、子宫内膜炎等）和鸡的慢性呼吸道感染等。如与链球菌、氯霉素等合用，可获得协同作用。

【用法与用量】

1. 片剂

每片 0.1 g、0.2 g、0.125 g、0.25 g。内服，马驹、犊牛、羔羊、仔猪 6.6 ~ 8.8 mg/kg · 天，均分 3 ~ 4 次内服。犬、猫10 ~ 20 mg/kg · 次，每天 2 次。禽 10 mg/kg · 天，分 2 次内服，或按 0.01% 混饮给药，连用 3 ~ 5 天。混饲浓度为0.002% ~ 0.005%，连用 5 天。

2. 粉针剂（注射用乳糖酸红霉素）

每瓶 0.25 g、0.3 g，有效期 3 年。临用前溶解，然后用 5% 葡萄糖注射液稀释成 0.1% 以下注射液，缓缓静脉注射或分点肌内注射。静脉、肌内注射，马、牛、羊、猪3 ~ 5 mg/kg · 次，犬、猫 5 ~ 10 mg/kg · 次，家禽 10 ~ 30 mg/kg · 次，每天 2 次。兔肌内注射，50 ~ 100 mg/次，每日 3 次，连用 3 天。

九、泰乐菌素

泰乐菌素系由放线菌属弗氏链霉菌经发酵提取而得到的一种大环内酯类动物专用抗生素，有泰乐菌素碱、磷酸盐和酒石酸盐 3 种形态。磷酸泰乐菌素作为饲料添加剂，广泛作用于鸡、猪、牛、羊及鱼、虾等，可以缩短饲养周期，提高饲料报酬，有效防治畜禽呼吸道及消化道感染；酒石酸泰乐菌素，可防治畜禽支原体病。

【作用与用途】泰乐菌素在动物体内主要以泰乐碱存在，抑制感染菌蛋白质的合成。泰乐菌素抗菌谱广，对大部分革兰阳性菌、部分革兰阴性菌、弧菌、螺旋体、球虫等病原微生物都具有良好的对抗活性。尤其对支原体感染有特效，是抗支原体的首选药物。组织穿透力强，口服吸收快，组织中的分布广（最高量产生于肺、肝、肾、脾和胆囊中），生物利用率高；

起效迅速,保持有效抑菌浓度时间长,停药后排泄快、残留量少、安全性高。有效成分准确,安全范围广,毒性低。本身性质稳定,不易受环境、稀释物和饲料所破坏。连续低剂量服用泰乐菌素,不仅能预防疾病,而且能显著促进动物生长,缩短饲养周期,提高饲料报酬。泰乐菌素是畜禽专用抗生素,避免了人畜共用抗生素易发生的交叉耐药性问题。

泰乐菌素主要用于支原体、葡萄球菌、链球菌、脑膜炎奈瑟氏菌、巴氏杆菌、流感嗜血杆菌、螺旋体等引起的感染。用于支原体性疾病,如猪气喘病、鸡慢性呼吸道病(CRD)、支原体性浓肿败血病、滑膜炎、无乳液病、支原体性关节炎、自体肺炎、牛支原体性生殖器病等。用于细菌性疾病,如动物消化道疾病、地方性动物支气管炎、母牛的腺炎和子宫内膜炎、羊的弧菌性流产、羔羊关节炎、丹毒、坏死性肠炎、羊蹄腐烂病等。用于螺旋体感染,如家禽螺旋体败血症等。

【用法与用量】1 g 酒石酸泰乐菌素加水 2 L,搅拌溶解后供家禽自由饮用;鸡群治疗,限制饮水,待鸡群口渴时供给,连用 3 天;鸡群预防,进鸡苗后,前 3 天连续饮用;疫苗接种或其他应激时,饮用 1 ~ 2 天。治疗猪痢疾,1 g 酒石酸泰乐菌加10 L水饮用,疗程 4 天。其他病症,1 g 酒石酸泰乐菌素加饮水 4 L 饮用,疗程 4 天。

十、磺胺间甲氧嘧啶(制菌磺)

【性状】本品为白色至微黄色结晶,几乎不溶于水,其钠盐溶于水。遮光、密封保存。

【作用与用途】本品抗菌作用强,与 SMZ 同,名列磺胺药的首位。对泌尿道损害小,内服吸收良好,血药浓度较高。对猪弓形虫病、猪水肿病、畜禽球虫病等,都有较好的疗效。

【用法与用量】

1. 片(或粉)剂

每片 0.5 g。内服,马、牛、羊、猪及水貂、狐狸等经济动物首次量 0.05 ~0.1 g/kg,维持量 0.025 ~ 0.05 g/kg · 次;兔0.07 g/kg · 次,鸡 0.05 ~0.1 g/kg · 次,每天 2 次。治疗鸡球虫病,按 0.05% ~0.2%混饲,预防时则按0.05% ~0.1%,连用 3 ~ 5 天。仔猪自断乳日起,以含本品

0.02%的饲料连续饲喂60天,可预防弓形虫病。

2. 注射液

每支10 ml、1 g,20 ml、2 g,50 ml、5 g。静脉注射,0.05 g/kg·次,每天2次。

十一、磺胺氯吡嗪钠

【性状】本品为微黄色粉末,是一种禽畜消炎抗菌药。

【作用与用途】主要用于治疗鸡、兔、羊球虫病(盲肠球虫)、鸡霍乱及伤寒病。

【用法与用量】肉鸡、火鸡混饮:每升水加1 g。混饲:每吨饲料加2 kg,连用3~5天。停药期火鸡4天,肉鸡1天。不得作为饲料添加剂长期使用。蛋鸡产蛋期禁用。

十二、诺氟沙星(氟哌酸)

【性状】本品为淡黄色结晶性粉末,无臭、味苦,几乎不溶于水。

【作用与用途】本品为第三代喹诺酮类抗菌药,能迅速杀灭细菌,且对细胞壁有很强的渗透作用,因而其杀菌作用更强。对大肠杆菌、痢疾杆菌、变形杆菌、绿脓杆菌等革兰阴性菌有高度抗菌活性,对葡萄球菌、肺炎双球菌等革兰阳性菌效果也较好。临床上用于敏感菌所致的泌尿道、肠道、耳鼻喉科、妇科、外科和皮肤科等感染性疾病。

【用法与用量】胶囊剂:每粒0.1 g。内服,家畜、犬10 mg/kg·次,每天2次。家禽混饲浓度0.01%,混饮浓度0.005%。

十三、小檗碱(黄连素)

【性状】小檗碱为黄连及其他同属植物根茎中的主要生物碱。盐酸小檗碱为黄色结晶粉末,无臭、味极苦,微溶于水。

【作用与用途】本品具有广谱抗菌作用,对流感病毒、某些致病性真菌、钩端螺旋体及滴虫等也有抑制作用。用于肠炎、肺炎、消化不良、咽喉炎、马腺疫、血尿、疮疡肿毒等的治疗。

【用法与用量】

1. 盐酸小檗碱片剂

每片0.05 g、0.1 g。内服,马、牛1~5 g/次,羊、猪0.2~0.5 g/次,家禽0.05~0.25 g/只·次。

2. 硫酸小檗碱注射液

5 ml、50 ml,5 ml、100 mg。肌内注射,马、牛150~400 mg/次,羊、猪50~100 mg/次。

十四、吗啉胍(病毒灵)

【性状】盐酸吗啉胍为白色结晶体粉末,易溶于水。

【作用与用途】吗啉胍在鸡胚上有抗甲型流感 PR_3 病毒的作用,对流感病毒的各个增殖周期都能抑制,但是对游离病毒颗粒无直接作用。用于防治流感、流行性腮腺炎、滤泡性结膜炎、水痘、疱疹以及麻疹等。局部用于眼的真菌感染,疗效良好。副作用有出汗、食欲不振等。

【用法与用量】片剂:每片0.1 g, 口服。鱼每天10~20 mg/kg,拌饲投喂。

十五、金刚烷胺(三环癸胺)

【性状】盐酸金刚烷胺为白色结晶或结晶性粉末,无臭、味苦;在水或乙醇中易溶,在氯仿中溶解。

【作用与用途】本品能阻止病毒进入宿住细胞,并能抑制病毒的复制,对猪传染性胃肠炎病毒有抑制作用。此外,还有解热和提高体液免疫力的作用。对多种炎症如败血症、痛毒性肺炎等有效,与抗生素合用,能提高疗效。

【用法与用量】复方金刚烷胺片:每片含本品0.1 g、氨基比林0.15 g、扑尔敏3 g。内服,鸡(感染呼吸道病毒A/HaV_6N_2)0.025 g/kg,混入饮水中给药。雪貂6 mg/kg,以气溶胶吸入,治疗流感。

十六、替洛隆(泰洛龙,乙氨芴酮)

【性状】本品为橘黄色结晶,易溶于水。

【作用与用途】本品为一种广谱抗病毒药物,对多种动物的肿瘤有明显抑制作用,也是一个低分子干扰素诱导剂。用药后残留于肺者较多,可能由于肺内吞噬细胞吞噬的结果。胞浆所形成的泡沫可阻止粉尘对细胞的毒性作用,从而抑制肺纤维化作用,可用于矽肺。本品毒性较低,不抑制造血功能,对肝、肾功能亦无影响,但可引起恶心、呕吐、乏力、眩晕、头痛或嗜唾等,剂量过大时对心脏可有一定毒性。

【用法与用量】胶囊剂:每胶囊 0.3 g 或 0.5 g,一般每日口服 0.5 g。参考人的内服量(日量),可连服 7 ~ 10 天。每日用量在 10 mg/kg 以内,分 2 ~ 3 次服用。

十七、碘硝酚(二碘硝酚)

【性状】本品为浅黄色轻质结晶,无臭、无味,易溶于乙醇,极难溶于水。

【作用与用途】本品在消化道和注射部位易吸收,蓄积于血浆中,常皮下注射给药。对钩虫有良好驱除效果。本品对绵羊肝片吸虫病具有明显的治疗作用,对蛔虫、鞭虫、绦虫、肺吸虫效果不佳,故常用于驱除犬、猫的钩虫。对严重感染动物不引起应激状态,幼犬、幼猫也可应用。内服或肌内注射对钩虫的疗效,与皮下注射相似。同其他钩虫药一样,对亲组织的幼虫无效,应间隔 1 ~ 2 周后重复治疗。本品还有杀螨作用,以 10 mg/kg 给犬皮下注射,10 天后螨虫全部死亡,痂皮脱落,皮肤变软,15 天后长出新毛。

【用法与用量】20% 注射液(溶媒为水 - 聚乙烯二醇):皮下注射,犬、猫 10 mg/kg · 次,羊 10 ~ 20 mg/kg · 次。

【注意事项】不良反应有代谢率增加、心跳加快、呼吸增速和体温上升等。超过治疗量时,成犬和幼犬可发生晶体浑浊,一般不严重,在 7 日内可以恢复。本品停药期为 90 天,给药的羊 3 个月后方可屠宰。

十八、胰岛素

【性状】本品为白色或类白色粉末或结晶,在酸性溶液(pH2.5 ~ 3.5)中稳定,在微碱溶液中不稳定,遇蛋白酶、强酸、强碱均能被破坏。

【作用与用途】本品能提高组织摄取葡萄糖能力，降低血糖，促进蛋白质、脂肪、糖等的合成代谢。胰岛素不足会引起血糖含量升高，过多的葡萄糖由尿中排出，称为糖尿病。本品能纠正胰岛素缺乏所致的糖代谢紊乱。适当选用普通型及延效型胰岛素制剂，可以控制一般糖尿病，还可用于酮血症、酸中毒、糖尿病引起的昏迷和非胰脏机能减退引起的糖尿病，但对肾性糖尿病无效。本品还能促进胃液分泌，增进食欲，少量应用可增加营养。在临床上，胰岛素主要用于治疗糖尿病、酮血症、马麻痹性肌红蛋白尿病、高血钾症。小剂量可治疗牛原发性和慢性前胃弛缓、严重中毒。

【用法与用量】注射液（正规胰岛素）：10 ml，400 U；10 ml，800 U。皮下注射，马 100～200U/次，牛 150～300 U/次，羊、猪 10～50 U/次。必要时，也可采用静脉或肌内注射。治疗牛前胃弛缓等，皮下注射 0.5 U/kg·次，同时静脉注射 40% 葡萄糖注射液或 10% 葡萄糖酸钙注射液 100～200 ml/次。如无上述糖注射液时，可皮下注射胰岛素 80～100 U/次，同时口服糖 300～500 g，必要时间隔数小时后可重复上述治疗。犬2 U/kg·次，每 2～6小时静注 1 次，直至生效。

按照血糖、尿糖水平来确定和调整最适剂量。通常胰岛素于饲前皮下注射，而精蛋白锌胰岛素注射剂则要确定最适剂量。

十九、甲状腺粉（干甲状腺）

【性状】本品为微黄色粉末，有特异的臭气，部分溶于水，主要成分为甲状腺素。

【作用与用途】本品的主要作用是促进机体的代谢和生长发育过程。治疗剂量的甲状腺素用于呆小病患畜，可促进蛋白质合成和恢复生长。对过量或甲状腺机能亢进，则能促进蛋白质的分解。该药能促进钠、钾和水排出。

【用法与用量】片剂：每片 30 mg、60 mg。内服日量，犬0.32～0.68 g/只，其他家畜 1～2 mg/kg。

二十、胰蛋白酶

【性状】胰蛋白酶由牛的胰腺中分离而得，为白色或类白色结晶性粉末，能溶于水，不溶于醇。水溶液对热不稳定，在温室中经过 3 小时效力损失 75%，60℃以上变性失败，故贮藏温度不应超过 20℃。溶液最好现用现配。本品密闭、阴凉处保存，有效期 3 年。

【作用与用途】本品具有分解肽链的作用，能消化溶解变性蛋白质，对未变性的蛋白质无作用。因此，能使脓汁、痰液、血凝块等消化变稀，易于引流排除，加速创面净化，促进肉芽新生，而不损伤正常组织或损伤极微(因血清内有胰蛋白酶抑制物)。此外，胰蛋白酶还有抗炎作用。

临床上用于脓胸、血胸、溃疡、外科炎症创伤性损伤、瘘管等所形成的局部水肿、血肿、脓肿等。近年来发现该药用于治疗毒蛇咬伤有很好的效果，因蛇毒的毒成分亦是一种蛋白质，本品能使之分解破坏。

【用法与用量】注射用结晶胰蛋白酶，每支 1 000 U、2 000 U、5 000 U、10 000U(附灭菌缓冲液 1 瓶)。

1. 治疗毒蛇咬伤

取注射用结晶胰蛋白酶(2 000 U)1～3 支，用注射用水(或 0.25%～0.5% 盐酸普鲁卡因)4～20 ml 稀释，以蛇牙痕为中心，在伤口周围浸润注射，或在肿胀部位上方作环状封闭1～2次。如病情需要，可重复使用。若伤肢肿胀明显，可于注射本品 30 分钟后切开伤口排毒减压(严重出血者例外)，也可在肿胀部位针刺排毒。如伤口已坏死、溃烂，可用其 0.1% 溶液湿敷患处。

2. 局部用药

配成溶液(pH7.4～8.2，微碱性时活性最强)、喷雾剂、粉剂、油膏等，用于体腔内注射、患部注射、喷雾、湿敷、涂搽。

【注意事项】不可用于急性炎症及出血空腔中。肝、肾损伤，血液凝固异常和有出血倾向的患畜忌用。不可静脉注射。外用时可采用粉针剂，以缓冲液溶解湿敷患处，但必须在 3 小时内用完。

二十一、纤维素酶

【性状】本品为淡黄白色粉末。

【作用与用途】本品含纤维素酶、半纤维素酶、果胶酶、淀粉酶等，能分解饲草中的纤维素，转化成葡萄糖等营养物质。主要用于治疗牛前胃弛缓、瘤胃臌胀、瘤胃积食，马、骡急慢性消化不良、大肠便秘等。

【用法与用量】粉剂：内服，马 150 g/次，牛 150～300 g/次，猪、鸡 1 g/kg·次，根据体重酌情增减。禽饲料添加量为 0.04%。

二十二、利巴韦林（三氮唑核苷、病毒唑，Ribavirin）

【性状】本品为白色结晶性粉末，无臭、无味，溶于水，微溶于乙醇。

【作用与用途】本品为广谱抗病毒核苷类化合物，能抑制病毒合成核酸，对多种 RNA、DNA 病毒有抑制作用。临床主要用于病毒性感冒、腺病毒、肺炎、麻疹、甲型肝炎、流行性出血热、带状疱疹及病毒性脑炎等。

【用法与用量】注射液：每支 1 ml，100 mg。参考人的肌注或静脉滴注剂量（日量），为 10～15 mg/kg，分 2 次给药，滴注宜慢。

二十三、抗病毒 1 号注射液

本品的主要成分为黄芪多糖、辅助因子等。

【作用与用途】本品能诱导机体产生干扰素，调节机体免疫功能，促进抗体形成，因而对机体免疫低下所引起的病毒病和感染有较好的防治效果，对 DNA 与 RNA 病毒都有效。对畜禽肠道病毒、流行感冒病毒、法氏囊炎病毒、新城疫病毒、呼吸道综合征病毒等有效。

【适应证】传染性法氏囊炎、肺炎、肺疫、丹毒、牛出败、咳嗽、肠炎、水肿病，及家畜口腔水泡炎、乳房炎等病症和继发症等。

【用法与用量】肌内注射：畜（猪、羊、狗、牛、马）0.2 mg/kg·次，禽（鸡、鸭、鹅）0.5 mg/kg·次。混饮：禽每千克水加入本品10 ml，幼畜按 1 ml/kg 加水稀释后饮用，每天 2 次，连用 3 天。

第三章 牛、羊常见病诊疗

一、牛 瘟

牛瘟俗称烂肠瘟，以口腔黏膜糜烂和剧烈腹泻为主要特征。1955 年我国已消灭该病，但其他亚非国家和地区仍时有发生。牛瘟传染性强，病死率高。

【流行病学】病牛是本病的传染源。病毒主要存在于发热期的血液和所有的分泌物、排泄物中，健康牛多因吸入病牛粪便污染的空气，或食入污染的饲料和饮水，经呼吸道和消化道感染。绵羊、山羊、鹿、猪以及骆驼都可以传播牛瘟。

本病以牛的易感性最大，一旦流行多呈急性经过而死亡。本病无明显的季节性，以冬末春初多见。

【临床特征】潜伏期一般 2 ~ 5 天。病牛高热，食欲减退乃至废绝，流泪和鼻液。口腔黏膜的变化最具特征，最初呈弥漫性充血，继而在口角、齿龈颊内和硬腭等处出现米粒大小的灰色、灰白色小结节，小结节互相融合，上皮坏死，形成伪膜。伪膜剥落出现边缘不整的烂斑，或形成溃疡。由于肠黏膜受侵害，病牛发生剧烈腹泻，水样便或带有血以及坏死脱落的肠黏膜碎片，恶臭异常，后期大便失禁。母牛阴道发炎，孕牛流产。全身症状恶化，一般 8 ~ 10 天死亡。

【病变】以整个消化道黏膜糜烂为特征，尤其是口腔、真胃和大肠最为显著。在本病疫区，通常根据临床特征、剖检变化、结合流行特点，即可确诊。未发生过该病的地区，为了确诊必须进行病毒分离或血清学试验。

为此，应采取病牛发热期的血液或者脾、淋巴结送检。

【鉴别诊断】

1. 口蹄疫

病牛在唇、齿龈等黏膜处，先形成水疱，水疱破溃后变为糜烂，并且蹄和乳房等部位亦有相似病变，糜烂部位不会出现伪膜。

2. 水疱口炎

多发生在夏季，病牛在舌面发生蚕豆或核桃大的水疱，水疱破溃，形成烂斑，体温短时上升。

3. 黏膜病

口腔糜烂或溃疡表面不出现伪膜，但可靠的鉴别有赖于病毒的分离或血清学试验。

【防治】我国已经消灭牛瘟，因此，预防牛瘟关键在于严格检疫制度，特别是对于进口的牲畜或畜产品实行严格的隔离检疫。对于邻国疫情威胁地区，所有的牛接种牛瘟弱毒疫苗，建立防疫免疫带，以防牛瘟传入。一旦发生牛瘟，应立即报告，病牛和可疑牛一律扑杀，并严格执行封锁、隔离、消毒、焚烧等综合措施。

二、牛黏膜病

牛病毒性腹泻—黏膜病，简称牛病毒性腹泻或牛黏膜病，以发热、白细胞减少、口腔和消化道黏膜糜烂溃疡以及腹泻为主要特征，但多数牛呈隐性感染。

【病原】黏膜病病毒属披盖病毒科，在自然条件下存在毒力显著不同的毒株，低温稳定，但不耐热。急性发热期病畜的血液、分泌物和排泄物含有大量的病毒；慢性病牛的血液和眼、鼻分泌物中，病毒长期存在；康复牛带毒可达6个月；健牛均可发生隐性感染而带毒。主要通过消化道呼吸道和生殖道传播；病毒可经胎盘传给胎儿，能引起流产或死产。

本病常年可发生，但以冬季和初春多发。新疫区以急性病例多，各年龄牛均感染，发病率和死亡率较高；老疫区以隐性感染为主，以6~8月龄的小牛症状最重。

【临床特征】牛潜伏期7～10天，急性牛发病突然，体温升高达40～42℃，2～3天后鼻镜及口腔黏膜表面出现糜烂，舌上皮坏死，流涎多，呼气恶臭。继而出现严重腹泻呈水样，甚至带有黏液纤维性伪膜和血。慢性病例发热不明显，以持续性或间歇性腹泻和口腔黏膜反复发生坏死溃疡为特征，可引发蹄叶炎和趾间坏死，有的出现局部脱毛皮肤皲裂和表皮角质化。妊娠牛发病常引起流产或犊牛先天性缺陷，多表现为小脑发育不良，共济失调。

【病变】典型病例主要表现为口腔、食管和胃黏膜的水肿及糜烂，食管黏膜的糜烂烂斑大小不一，形状不规则，糜烂沿皱褶纵行线状排列。皱胃幽门部出血、水肿、溃疡或坏死，有卡他性、出血性或溃疡性炎症。非典型病例须采取病料，进行病毒分离和鉴定。

【鉴别诊断】

1. 牛瘟

牛瘟口腔黏膜的烂斑或溃疡出现于小结节之后，表面被覆灰色或黄色伪膜，并有剧烈的腹泻和全身症状，死亡率高。

2. 口蹄疫

口蹄疫传播迅速，主要感染偶蹄兽，口腔、蹄部和乳房都可发生烂斑，均出现于水疱破损后，不下痢。

3. 牛恶性卡他热

除口腔黏膜糜烂外，还伴发眼球炎、角膜浑浊。

4. 蓝舌病

蓝舌病有蠓传播，病牛发热，口腔黏膜呈弥漫性糜烂、坏死，舌色蓝紫，呼吸浅表。

5. 牛肠型结核病

该病以消瘦和持续性下痢为特点，或便秘下痢交替出现，胃肠黏膜上有大小不等的结核结节或溃疡，结核菌素试验阳性。

6. 副结核病

副结核病主要是顽固性腹泻，稀便中含有大量气泡，病牛极度消瘦"狭尻"。副结核菌素试验阳性。

防治】引进种牛必须严格检疫，一旦发病应及时隔离或屠杀消毒，防止扩大传播。应用收敛剂和补液等保守疗法，为防继发感染可投抗生素或磺胺类药物。由于慢性病牛可长期带毒，经济条件许可下，尽可能淘汰病牛，彻底清除传染源。

三、牛流行热

牛流行热是牛的急性热性传染病，特征为高热和呼吸道炎症，以及因四肢关节疼痛引起跛行。大部分牛取良性经过，2～3 天恢复正常，故又称“三日热”或“暂时热”。

【流行病学】病原体为弹状病毒科牛流行热病毒，病毒颗粒呈子弹形，耐冷不耐热。病毒主要存在于发热期的牛血液中，通过吸血昆虫叮咬皮肤交互感染，因此，本病常发生在吸血昆虫流行季节。

牛均易感染，以 3～5 岁黄牛最易感染。有明显的季节性，主要流行于蚊蝇多的季节，北方地区8～10月流行，南方地区 6～11 月流行。多雨潮湿易诱发本病。

【临床特征】潜伏期 3～7 天。病牛突然出现高热 40℃以上，持续 2～3 天，精神委顿，肌肉震颤，皮毛逆立，结膜充血、水肿，流泪，畏光，眼角流出黏液脓性分泌物；呼吸迫促，肺泡音、支气管音粗历。病牛食欲废绝，反刍停止，粪便干燥，时有跛行或站立困难而卧倒。确诊需在发热初期采血，进行病毒分离鉴定。

【鉴别诊断】

1. 呼吸型牛传染性鼻气管炎

该病多发生于寒冷的季节，以发热、流鼻汁、呼吸困难、咳嗽等上呼吸道和气管症状为主，病原体为疱疹病毒。

2. 茨城病

该病除发热、流泪外，后期常出现舌、咽喉和食道麻痹的特殊症状。

3. 牛副流感病

该病常发生于冬春寒冷的季节除呼吸道症状外，还可见乳房炎，但无跛行。病原体为一种副黏病毒。

4. 恶性卡他热

【临床特征】除高热和全身虚弱外，还有口鼻黏膜充血、糜烂或形成溃疡，眼结膜炎症剧烈，双眼睑肿胀闭合，角膜浑浊、溃疡乃至失明。病原体为疱疹病毒。

【防治】加强环境消毒，消灭蚊蝇等吸血昆虫；加强饲养管理，恢复期注意调节胃肠功能，加强护理；在流行季节到来前，注射牛流行热疫苗；对病牛立即隔离，尽快封锁牛场。

治疗无特效药，主要是对症治疗。高热可注射复方氨基比林 20 ~ 40 ml 或安痛定 20 ~ 40 ml 等；呼吸困难可皮下注射尼可刹米 10 ~ 20 ml；对四肢关节疼痛者可静脉注射 10% 水杨酸钠 200 ~ 300 ml，对肺水肿者可静脉注射 20% 甘露醇0. 5 ~ 1 L；防止继发感染，可用青霉素（160 万 U）或链霉素（1 g/次）注射。

四、牛传染性鼻气管炎

牛传染性鼻气管炎是急性热性接触性传染病，以上呼吸道及器官黏膜发炎，咳嗽、流鼻液和呼吸困难为特征。有时可引发阴道炎、龟头炎、结膜炎、流产、乳房炎、脑膜炎等。

【流行病学】病原体为疱疹病毒科的牛疱疹病毒 I 型。病毒随鼻、眼、阴道分泌物排出体外，康复牛可带毒 17 个月，隐性牛可在牛群中散布病毒，病牛的精液可带毒，通过交配感染。

本病主要发生于秋冬寒冷季节，舍饲和大群密度饲养易造成传播。犊牛病死率较高。

【临床特征】潜伏期 3 ~7 天，根据侵害的脏器不同，有以下几种临床类型。

1. 呼吸道型

轻微病例仅见水样的鼻液和流泪。严重病例体温升高至 40℃ 以上，精神沉郁，食欲废绝，大量流泪流涎，流黏液脓样鼻汁，鼻黏膜高度充血、坏死，鼻镜坏死干燥并形成痂皮，痂皮脱落后露出充血的皮下组织，故有“红鼻病”之称。鼻黏膜坏死时呼气恶臭，炎性分泌物堵塞鼻道，引起呼吸困难、咳嗽、呼吸加快、浅表。病程10～14天。

2. 角膜结膜型

多与呼吸道结合发生。轻者结膜充血、眼睑水肿、大量流泪；重者结膜表面形成灰白色伪膜，呈白色浑浊，一般无溃疡，流黏液脓样眼眵。

3. 生殖道型

母牛患病时，频频举尾，摇摆不安；阴门红肿，流出黏液或黏液脓性分泌物，阴道黏膜有灰白色、粟粒大的脓疱。公牛患病时，包皮和阴茎水肿，形成小的脓疱或溃疡，精囊腺变性、坏死，淘汰。

4. 流产型

毒株可侵害胎盘和胎儿，引起流产，以头胎怀孕牛多见，流产可发生在妊娠的任何阶段。

5. 脑膜炎型

4～6月龄的犊牛最易发生。病犊在出现呼吸道症状后3～5天出现神经症状，共济失调、肌肉震颤，甚至倒地惊厥抽搐，角弓反张，兴奋和沉郁交替发作。病程5～7天。此型发病率低，但死亡率高。

6. 肠炎型

多见于2～3周龄的犊牛，除发生上呼吸道症状外，还出现腹泻，甚至排血便，病死率在50%左右。

【病变】呼吸道黏膜炎症，有浅表溃疡，覆盖灰色、恶臭的黏液脓性分泌物。继发细菌感染可见支气管肺炎。肝、肾和淋巴结有小坏死灶。流产的胎儿皮肤有水肿和出血。脑膜炎型可见非化脓性脑炎变化。根据上述症状可做初步诊断，确诊进行病毒分离和鉴定。

【防治】防止传染源传入牛群，发病后应立即封锁，扑杀病牛，深埋处理，全面消毒。

本病目前国内无特效药，防止继发感染可用广谱抗生素或磺胺类药物。

五、气 肿 疽

气肿疽俗称黑腿病或鸣疽,是一种由气肿疽梭菌引起的反刍动物急性败血性传染病。其特征是局部骨胳肌的出血坏死性炎,皮下和肌间结缔组织水肿,并在其中产生气体,压之有捻发者,严重者跛行。

【流行病学】发病牛年龄为0.5～5岁,尤以1～2岁多发,死亡居多。羊、猪、骆驼亦可感染。病牛的排泄物、分泌物,处理不当的尸体,污染的饲料、水源及土壤,都会成为持久性传染源。该病传染途径主要是消化道,深部创伤感染也有可能。本病呈地方性流行,有一定季节性,牛夏季放牧(尤其在炎热干旱时)容易发生,这与蛇、蝇、蚊活动有关。

【临床症状】潜伏期3～5天,往往突然发病,体温达41～42℃,轻度跛行,食欲和反刍停止。不久会在牛的肩、股、颈、臂、胸、腰等肌肉丰满处发生炎性肿胀,初热而痛,后变冷,触诊时肿胀部分有捻发音。肿胀部分皮肤干硬而呈暗黑色,穿刺或切面有黑红色液体流出,内含气泡,有特殊臭气,肉质黑红而松,周围组织水肿;局部淋巴结肿大。严重者呼吸增速,脉细弱而快。病程1～2天。

【病变】牛尸体迅速腐败和臌胀,天然孔常有带泡沫血样的液体流出。患部肌肉黑红色,肌间充满气体,呈疏松多孔的梅绵状,有酸败气味。局部淋巴结充血、出血或水肿。肝、肾呈暗黑色,常因充血稍肿大,还可见到豆粒大至核桃大的坏死灶;切面有带气泡的血液流出,呈多孔海绵状。其他器官常呈败血症的一般变化。

【诊断】牛丰厚肌肉的气性坏疽和水肿,有捻发音;切面呈海绵状且有暗红色坏死灶,有含泡沫的红色液体流出,并散发酸臭味。炭疽、巴氏杆菌病及恶性水肿也有皮下结缔组织的水肿变化,应与气肿疽相区别。恶性水肿的发生与皮肤损伤病史有关,主要发生在皮下且部位不定,也无发病年龄与品种区别。

【防治】在流行的地区及其周围,每年春秋两季进行气肿疽甲醛菌苗或明矾菌苗预防接种。若已发病,则要采取隔离、消毒等卫生措施。死牛不可剥皮肉食，宜深埋或烧毁。早期全身治疗可用抗气肿疽血清 150～200 ml，重症患者 8～12 小时后再重复一次。实践证明，气肿初期应用青霉素肌内注射，每次 100 万～200 万 IU，每天 2～3 次；或四环素静脉注射，每次 2～3 g，溶于 5% 葡萄糖 2L，每天 1～2 次。早期肿胀部位的局部治疗，可用 0.25%～0.5% 普鲁卡因溶液 10～20 ml，溶解青霉素 80 万～120 万 IU，在周围分点注射，可收到良好效果。

六、牛传染性胸膜肺炎

牛传染性胸膜肺炎也称牛肺疫，是由丝状霉形体引起的一种接触性传染病，主要侵害肺和胸膜，病理特征为纤维素性肺炎和浆液纤维素性肺炎。

【流行病学】牛肺疫主要通过呼吸道感染，也可经消化道或生殖道感染。本病多呈散发性流行，可常年发生，以冬春两季多发。非疫区常因引进带菌牛而呈暴发性流行；老疫区发病缓慢，通常呈亚急性或慢性经过，散发。

【临床症状】

1. 急性型

病初牛体温升高至 40～42℃，鼻孔扩张，鼻翼翕动，有浆液或脓性鼻液流出。呼吸高度困难，呈腹式呼吸，有吭声或痛性短咳。前肢张开，喜站。反刍弛缓或消失，可视黏膜发绀，臀部或肩胛部肌肉震颤。脉细而快，每分钟 80～120 次。前胸下部及颈垂水肿。胸部叩诊有实音，痛感；听诊时肺泡音减弱；病情严重出现胸水时，叩诊有浊音。若病情恶化，则呼吸极度困难、呻吟、口流白沫、伏卧伸颈、体温下降，最后窒息而死。病程 5～8 天。

2. 亚急性型

其症状与急性型相似，但病程较长，症状不如急性型明显典型。

3. 慢性型

病牛消瘦，常伴发癌性咳嗽，叩诊胸部有实音且敏感。在老疫区多见牛使疫力下降，消化机能紊乱，食欲反复无常，有的无临床症状但长期带毒，故易与结核相混，应注意鉴别。病程 2～4 周，也有延续至半年以上者。

【病变】主要特征性病变在呼吸系统，尤其是肺脏和胸腔。肺的损害常限于一侧，初期以小叶性肺炎为特征。中期为该病典型病变，表现为浆液性纤维素性胸膜肺炎，病肺呈紫红、红、灰红、黄色等，变硬，切面呈大理石状外观，间质增宽。病肺与胸膜粘连，胸膜显著增厚并有纤维素附着。胸腔有淡黄色且夹杂有纤维素的渗出物。支气管淋巴结和纵膈淋巴结肿大、出血。心包液混浊且增多。末期肺部病灶坏死并有结缔组织包囊包裹，严重者结缔组织增生，使整个坏死灶瘢痕化。

【诊断】

1. 临床诊断

本病初期不易诊断。若引进种牛在数周内出现高热，持续不退，兼有浆液性纤维素胸膜肺炎症状，结合病理变化可做出初步诊断，进一步诊断可结合补体结合反应。病理诊断要点为：肺呈多色彩的大理石样变；肺间质明显增宽、水肿，肺组织坏死；浆液纤维素牲胸膜肺炎。

2. 鉴别诊断

(1)牛肺疫与牛巴氏病：牛巴氏病发病急、病程短，有败血症表现，组织和内脏有出血点；肺病变部大理石样变及间质增宽不明显。

(2)早期牛肺疫与结核病：通过变态反应及血清学试验等鉴别。

【防治】非疫区勿从疫区引牛。老疫区宜定期用牛肺疫兔化弱毒菌苗预防注射；发现病牛应隔离、封锁，必要时宰杀淘汰；污染的牛舍、屠宰场，应用3%来苏儿或20%石灰乳消毒。

本病早期治疗可治愈。病牛症状消失，肺部病灶被结缔组织包裹或钙化，但长期带菌，应隔离饲养以防传染。“九一四”疗法，3～4 g“九一四”溶于5%葡萄糖盐水或生理盐水100～500 ml，一次静脉注射，间隔 5 天再注射一次，连用2～4次，现用现配。抗生素治疗，四环素或土霉素2～3g，每天 1 次，连用 5～7 日，静脉注射；链霉素 3～6 g，每天 1 次，连用5～7天。除此之外，辅以强心、健胃等对症治疗。

七、牛流行性感冒

流行性感冒简称流感，是由流行性感冒病毒引起的急性呼吸道感染传染病。临床表现为发热、咳嗽、全身衰弱无力，呈现不同特点的呼吸道炎症。

【流行病学】病牛是主要的传染源，康复者和隐性感染者在一定时间内也能排毒。病毒主要存在于呼吸道黏膜细胞内，随呼吸道分泌物排向外界，以飞沫传播。

本病突然发生，传播迅速猛烈，呈现流行性，发病率高，死亡率低，无年龄、性别和品种区别。一年四季均发，但以天气骤变的早春、晚秋和寒冷的季节多见。

【临床特征】病牛精神沉郁、食欲不振、反刍减少、咳嗽、呼吸加快、流涎流涕、眼结膜发炎、体温升高，一般无死亡，7 天左右可恢复正常。

【防治】加强饲养管理，保持圈舍清洁、干燥、温暖，防止贼风侵袭。发病后立即隔离治疗，加强病牛的饲喂护理，用 5% 漂白粉或 3% 火碱消毒圈舍、食槽及用具等，防止疾病蔓延。治疗要对症，控制继发感染，调整胃肠机能；解热镇痛可肌注 30% 安乃近 10 ~ 20 ml 或复方氨基比林 10 ~ 20 ml；为防止肺炎可肌注青霉素和链霉素等，一般 5 ~ 7 天可康复。

八、牛恶性卡他热

恶性卡他热是由牛恶性卡他热病毒引起的一种急性热性传染病。本病以 2 ~ 4 岁的牛多见，羊发病少见。绵羊是带菌者，带菌牛是主要的传染源，一年四季均可发生，但冬季和早春发病率最高。其特征是上呼吸道及消化道黏膜发生卡他性炎症，角膜混浊和神精症状，发病率和死亡率高。

【临床症状】病牛最初高热，体温 41 ~ 42℃，呈稽留热；肌肉震颤、寒战，食欲减退、精神委顿、皮毛松乱，食欲和反刍减少、饮欲增加、瘤胃弛缓，泌乳量下降，心搏动和呼吸加快；鼻镜干燥、眼睑肿胀、流泪、眼结膜充血、角膜混浊，鼻孔流出黏液性或脓性分泌物；口腔黏漠充血，坏死或糜烂，并流出臭味唾液；脑和脑膜发炎，昏睡；腹泻，粪便呈水样，有恶臭，混有黏液。

【病变】眼、鼻、口、咽和皮肤发生病变，全身淋巴结肿大、充血、充血或出血。真胃和肠黏膜充血、出血，糜烂和溃疡。脾轻度肿大，肝、肾、心发生严重变性。

【诊断】根据散发特点，持续高热，眼黏膜变化、角膜混浊，肿腹，溃疡、全身淋巴结肿大和神经症状，腹泻、粪便恶臭，可做出初步诊断。

【防治】本病目前尚无有效防治方法，因绵羊有传播本病的可能，所以禁止牛、羊同群放牧和同圈饲养。

天牧双骄粉针和注射用链霉素，每次 0.2 万～0.5 万U/kg，肌内注射，每天 2 次。同时使用败血康，每头每次 10～40 ml，肌内注射，每天 2 次。

九、副结核病

副结核病又称副结核性肠炎，是牛的一种慢性传染病，特征是肠壁增厚，形成皱褶，顽固性腹泻，逐渐消瘦。

【流行病学】病原体为副结核分枝杆菌，主要存在于病牛的肠黏膜和肠系膜淋巴结内，可随粪便排出，通过消化道或胎盘传染。

本病呈散发或地方性流行，犊牛较成年牛易感。潜伏期1～2年，病情缓慢，密集舍饲牛多发。

【临床特征】潜伏期数月，病初无可见症状。病牛食欲减退，精神减退，逐渐消瘦、贫血，后躯形成“狭尻”；多见下痢，初为间歇性，后为持续性；粪便稀薄、恶臭，带有气泡和黏液，有时混有血丝。最后衰竭死亡。

【病变】尸体消瘦贫血，病变主要见于空肠、回肠和结肠前段，尤其回肠病变显著。肠黏膜比正常增厚显著，形成弯曲、硬的、形同大脑回纹的皱褶，灰黄或黄白色，附有黏液，皱褶突起处常见充血。肠系膜淋巴结肿大、切面湿润，肠浆膜下淋巴管和肠系膜淋巴管变粗。

【鉴别诊断】牛肠型结核也呈现慢性腹泻，但小肠壁不增厚，无脑回样病变，有结核结节。慢性黏膜病除有持续性或间歇性腹泻之外，口黏膜发生坏死和溃疡，副结核菌素试验阴性。

【防治】平时加强检疫，防止病牛或带菌牛进入，对久治不愈的腹泻病牛，必须进行变态反应检查或细菌学检查。每年定期检疫，发现病牛及时淘汰；有条件的牛场，可隔离饲养，培育健康后代。对假定健康的母牛所生的犊牛进行皮下接种，每牛一支菌苗（含副结核菌素 5 mg）。犊牛有变态反应，说明有免疫力，免疫期为 48 个月。对污染的牛舍、牛栏及饲养管理用具，用 20% 漂白粉或石灰乳彻底消毒，粪尿垫草及剩余饲料及时清除，堆积发酵后利用。

十、传染性角膜结膜炎（流行性眼炎）

传染性角膜结膜炎，又称流行性眼炎、急性、接触性、传染性结膜炎、眼炎、滤泡性结膜炎。其特征是先侵害结膜，接着延及角膜，二者可同时发病。山羊及绵羊都可发生，传染迅速，常使全群羊只患病。乳用山羊患病时传播极快，1 周之内即可波及全群，发病率为 90% ~100%。

【流行病学】病原为结膜立克次体，或结膜支原体，或结膜衣原体，有时为三者混合引起。国内报告山羊的病原为立克次体。病原存在于眼结膜及分泌物中，通过共同饲养而接触传染。蝇类虽是本病的传播者，但非主要传播因素。因为本病的发生没有季节性，在冬春季没有蝇类活动时，仍能很快传播。

【临床症状】发病初期呈结膜炎症状，流泪、羞明、眼睑半闭。眼内角流出浆液或黏液性分泌物，不久则变成脓性。上下眼睑肿胀、疼痛，结膜潮红并有树枝状充血。个别病例的结膜上有出血斑，其后发生角膜炎。随着病情的发展，结膜上的血管伸向角膜，在角膜边缘形成红色充血带。由于炎症的蔓延，可以继发虹膜炎。在病初角膜一般变化不大，经 1 ~2

天后出现混浊;起初半透明、浅蓝色,混浊度逐渐增加,呈云翳状。严重者角膜增厚并发生溃疡,形成角膜瘢痕。有时可波全眼球组织,眼前房积脓或角膜破裂,晶体可能脱落,造成永久性失明。

病程一般为 20 天左右,短者 7 天,长者 40 天。多数病羊能自愈,浑浊的角膜渐次清亮,从角膜边缘开始向中央发展。角膜中央部分恢复时间较长,一般需要 30 天左右。

本病可导致羊完全失明,由于不能觅食,如果护理不善,常因饥饿而死亡。尤其是同时发生山羊麻痹症时,易死亡。

【防治】

1. 预防

隔离病羊,以防扩大传染。将病羊放在黑暗处,避免光线刺激充分休息。

用传染性角膜结膜炎菌苗做预防试验价值不大。因为此病在羊群中的流行是偶发现象,常常是经过一次大流行之后,多少年并不发生,菌苗接种的时间很难掌握;一旦羊群中发现此病,传染非常迅速,当时亦无法依靠菌苗接种来预防扩大传染。

2. 治疗

(1)用 4% 的硼酸水洗眼,每日 2～3 次。

(2)选用四环素、土霉素、金霉素或者可的松眼药膏点眼,或者用氯霉素或土霉素粉末吹入眼内,每日 2～3 次。这些眼药膏除了消炎防腐之外,还能遮盖角膜。

(3)用青霉素 10 万～20 万 IU 或可的松,最好是长效抗生素进行眼睑皮下注射,每日 1 次。

(4)用 50% 葡萄糖溶液点眼,每日 3 次,对角膜炎有良好疗效。

无论使用哪种方法治疗,都要连续使用,直到角膜透亮为止。只要治疗及时,绝大多数病羊可以在 1～2 周康复。如果不及时治疗,有可能引起角膜溃疡,甚至永久失明。

十一、蓝 舌 病

蓝舌病病毒(BTV)属于肠病毒科的环状病毒属,主要引起反刍动物发病。本病是国际流行病学会命名的15种A类动物流行病之一。

【流行病学】本病是由昆虫(库蠓)传播的一种非接触性虫媒病毒病,因此,本病的流行与地理、气候等因素直接有关。据云南抽样调查,易感动物为水牛43.7%、黄牛36.1%、山羊25.9%、绵羊5.8%、奶牛1.1%。山西南部吕梁山区潜在的感染血清阳性主要是山羊35%,其次是绵羊8.2%、黄牛7.8%,感染主要是8~9月份库蠓活动季节。

【临床症状】本病的致死率并不高,典型症状是出血性病理变化。如高热,面部、口腔、鼻腔炎症、水肿,皮肤无毛区充血、出血,蹄冠炎症,跛行等。病羊6~8天体温达到高峰,可达41℃或更高,以后逐渐下降。从美利奴羊人工试验看,主要是面部充血、水肿,鼻腔充血、水肿、炎症、流液等一系列变化,口腔炎症、充血、水肿,最重者舌充血发绀(因此称为蓝舌病)。皮肤充血、出血,主要是无毛区,如大腿内侧、蹄冠等。跛行主要是蹄叉炎症肿胀所致。

另外,抗病力弱的羊精神沉郁,卧地,采食下降等。

【病变】大部分病例可见到心血管损伤,主要是充血、水肿、出血,最明显的是肺动脉根部出血灶,有的可达2~3 cm长。肌肉充血、出血也较明显,还有消化道充血、水肿以及局部出血。

【防治】本病可采用传统的传代程序和选择致弱方式制备弱毒活苗,也可用强毒株制备灭活苗。弱毒苗的优点是易生产、价格便宜,单剂量,拟似自然感染,故有效性好(提供同源血型保护)。缺点是免疫后的羊经昆虫叮咬后,可能传给别的羊。这样疫苗可能在昆虫体内恢复毒力产生致病性。此外,羊在怀胎前段免疫活苗可产生致畸作用,虽然胎儿体内未查出病毒,但13%胎儿严重畸形死亡。死苗的优点是安全性好,在野外也不能传播,在实验室条件下也是有效的,但生产死苗明显造价高,至少要2头份才能产生免疫反应,更进一步的工作需要评价有效性与生产开支。利用DNA重组技术可为本病制备基因工程苗,这将克服弱毒苗及死苗双方的不足,目前正在研究中。

十二、山羊传性胸膜肺炎

山羊传性胸膜肺炎俗称“烂肺病”,是山羊特有的接触性传染病。主要特征是高热,肺和胸膜发生浆液性和纤维素性炎症。病程多呈急性。

【流行病学】在自然条件下,健康羊和病羊接触,经由空气而感染。山羊容易感染本病,绵羊及犊牛也能感染。

【临床症状】潜伏期为18～26天。病程以急性病例最为常见,死亡率较高。病羊初期体温上升到41～42℃,精神沉郁、食欲不振、咳嗽,常离群而立或伏卧地上。出现明显的肺炎及胸膜炎症状,胸廓听诊,可听到湿啰音及胸膜摩擦音。病势沉重时,摩擦音消失,叩诊肺部呈浊音。用手指按压肋间肌时,病羊有疼痛感。鼻孔流黏性鼻汁,鼻黏膜及眼结膜严重出血或发绀,呼吸困难。病末期常继发胃肠炎,有时出现剧烈腹泻,粪便中带有多量肠黏膜,间有血液。病羊瘦弱、脱水,喜欢饮水,于数天内死亡。

慢行病例,多由急性病例转变而来,一般无明显肺炎症状,常有咳嗽、流鼻液或腹泻。病羊有进行性消瘦,被毛蓬乱无光,常陷于生长停滞状态。如管理跟不上,常恶化而死亡。病程较长,可达数天或更久。

【病变】本病的主要病理变化是肺脏与胸腔。肺有肺炎病灶及大小不等的肝变区,切开肝变部有血样液体流出。胸膜粗糙,常发生粘连,粘连部的肋间肌呈红色胶状浸润,纵隔淋巴结肿胀多汁。胸腔有大量微黄色液体。

【诊断】主要根据临床症状、流行病学材料或病理变化等特点来诊断。必须进行细菌学检查,以便与山羊巴氏杆菌区别。

本病与传染性无乳症有些相似,在自然情况下,绵羊和山羊都可感染传染性无乳症,而本病则仅侵害山羊。此外,传染性无乳症病羊的乳腺、关节和眼常有病变,本病则无此等症状。

【防治】购入羊时，须隔离观察21～30天，确认无病方可放入羊群。发病后，病羊进行隔离治疗。病羊停留过的羊舍及用具等，均应用5%克辽林溶液、2%苛性钠溶液或10%含氯石灰溶液等彻底消毒。对健康羊群，还应改换牧场。

1. 预防

本病常发地区或疫区，可用山羊传染性胸膜肺炎氢氧化铝菌苗预防注射，6月龄以内的山羊皮下或肌内注射3 ml，6月龄以上的山羊注射5 ml，注射后14天产生较坚强的免疫力，免疫期为1年。

2. 治疗

（1）发病初期，用914（即新胂凡纳明）治疗效果较好。15～25 kg的成年羊、5月以上的幼年羊、5月以下的羊羔，分别应用0.4～0.5 g、0.2～0.25 g、0.1～0.15 g。以5%葡萄糖溶液配成5%溶液，徐徐注入静脉。经1～3天后，可再注射一次，剂量稍减。若发现注射羊群仍有病羊，可用同样剂量注射第三次。

（2）磺胺嘧啶钠溶液，日量为0.02～0.04 g/kg，分早、晚或早、午、晚3次肌内注射。预防时剂量稍减。

（3）5%葡萄糖氯化钠注射液500～1 000 ml，10%磺胺嘧啶钠注射液3～5 g，维生素C 1～52 g，静脉滴注，每天2次。

（4）5%葡萄糖氯化钠注射液0.5～1 L，甲氧苄氨嘧啶注射液1～2 g，安钠咖注射液1～2 g，静脉滴注，每天2次；肌内注射维生素$B_1$30～50 ml，每天2次，连用4～5天。

（5）对症治疗，心脏衰弱时注射强心剂，脱水时适当补液，胃肠发炎时投以胃肠消毒剂。

十三、绵羊快疫

绵羊快疫是一种病程短促的急性传染病，几乎看不到症状就死亡。主要特征是真胃黏膜出血性炎症，消化器官产生大量气体。

【流行病学】病原体是腐败梭菌，在自然界分布极广。各种动物特别是草食动物的肠道中、土壤表层，尤其被动物粪便污染的土壤，都含有大量细菌，并可随尘埃飞扬而散布各地。

自然感染多经过消化道，一般是由于在污染了的牧场上放牧，或绵羊吃了被污染的饲料而发生。常见于气温变化大的秋、冬及早春季节，绵羊因受冷、饲料骤变、衰弱或寄生虫病等原因，机体抵抗力降低，以致发病，以2岁羊发生较多，2岁以下及4个月以上的绵羊较少发生。经常流行于低洼地区，特别是洪水泛滥以后。

【临床症状】绵羊突然发病，常常在未出现临床症状前就突然死亡。有些病羊死前有疝痛症状，臌气，结膜显著发红，磨牙，最后痉挛而死。病程较慢的，可见到精神委顿，体温升高、衰竭、磨牙、呼吸困难，有血样下痢，由口鼻流出血样泡沫状液体。排粪困难，里急后重，粪团变大、色黑而柔软，带有黏液和脱落的肠黏膜上皮；有的排黑色稀粪，带有血丝；有的排蛋清样恶臭稀粪。头、喉及舌肿大。结膜潮红，臌气，常出现兴奋不安及跳跃等神经症状。

病程极为短促，通常数分钟至数小时死亡，延至1天以上的很少见。

【病变】尸体腐败迅速，在头部、颈部和前胸出现紫色尸斑，天然孔流血样渗出物，可视黏膜充血或蓝紫色。颈部和前胸等皮下呈胶冻样浸润。胸腹腔积聚浆液性血样渗出物。真胃出血性炎症变化显著，对本病具有一定的诊断意义。真胃和十二指肠黏膜，特别是黏膜皱襞呈弥散性淤血和出血，有时在肠黏膜上还见有糜烂和坏死，肠系膜淋巴结充血、肿大或出血，脾脏正常，肝、肾及心肌变性。实质脏器浆膜和胸膜腔浆膜有时可见出血，并常有坏死性肝炎。

【诊断】由于发病突然，死亡极快，因此，本病的生前诊断比较困难。如果发现羊只突然死亡，真胃和十二指肠等有急性炎症，肠内容物充满气泡，肝脏肿胀，色淡及体腔积液等病变，可怀疑为本病。通过微生物检查确诊。

【防治】本病经过迅速，往往来不及治疗，因此，必须加强平日的防疫措施。当牧场发生本病时，病羊应立即隔离，对症治疗。未发病的绵羊，应转移到高燥地区放牧，加强饲养管理，避免羊只采食冰冻饲料；防止在低洼潮湿地带放牧；早晨出牧不宜太早，下午早些收牧，防止过食大量青草。

本病常发地区，每年定期注射厌气菌病联合菌苗（即羊快疫、猝狙、肠毒血症三联菌苗，或羊快疫、猝死、肠毒血症、羔羊痢疾、黑疫五联苗），免疫期为6～9个月，最好注射于尾部皮下。疫情紧急时，全群可普遍投服2%硫酸铜（每头100 ml）或10%生石灰水（每头100～150 ml），可在短期内显著降低发病率。严禁屠宰和剥皮利用病羊，病死羊应深埋或烧毁。疫区禁饮死水，改用河流水。病程较长者，可肌内注射青霉素80万～160万U，每天2次；或内服磺胺嘧啶，5～6 g/次，连服3～4次；或将10%安钠咖10 ml加入0.5～1 L 5%葡萄糖溶液中，静脉滴注；或内服10%～20%石灰乳，50～100 ml/次，连服1～2次。

十四、羔羊痢疾

羔羊痢疾是初生羔羊的一种急性传染病，以剧烈腹泻为特征，常引起羔羊大批死亡。

【流行病学】病原比较复杂，不同地区病原不同。最常见的是产气荚膜梭菌（其中主要的是B型，有时是C型和D型），有些地方病原是大肠杆菌、肠球菌、沙门杆菌。该病主要发生于7日龄羔羊，又以2～5日龄羔羊发病最多。一般在产羔初期零星散发，产羔盛期发病最多。孕羊营养不良，羔羊体弱，脐带消毒不严，羊舍潮湿，气候寒冷等，都是发病的诱因。

病羊及带菌母羊为重要传染源，经消化道、脐带或伤口感染，也有子宫内感染的可能，呈地方性流行。

【临床症状】潜伏期1～2天，甚至几个小时。病初羔羊精神沉郁，头垂背弓，停止吮乳；不久发生腹泻，粪便呈粥状或水样，黄白、黄绿或灰白色，有恶臭；体温、心跳、呼吸无显著变化；后期大便带血，肛门失禁，眼窝下陷，卧地不起；最后衰竭而死。

有些病例早期表现可视黏膜发绀，呼吸促迫，口流白沫，腹胀而不下痢或只排少量稀粪，最后痉挛而死。

【病变】真胃黏膜及黏膜下层出血和水肿，黏膜有小的坏死灶；小肠出血性炎症比大肠严重，黏膜发红；集合淋巴滤泡肿胀、坏死、出血，病久可形成溃疡,突出于黏膜表面,豆大,形状不规则,周围有出血发炎带。大肠病变与小肠相同,但轻微。结肠、直肠充血或出血,常沿皱襞排列成条状。肠系膜淋巴结充血肿胀或出血。实质脏器肿大变性,有一般败血症病变。

【诊断】在本病常发地区,根据流行病学、症状及病理剖检可做出初步诊断。必要时为确定病原,在病羔刚死后,取回肠内容物、肠系膜淋巴结、心血等,作病原体检验。

【防治】发病因素较复杂,须采取综合性防治措施。

1. 预防

(1)首先对母羊(特别是孕羊)加强饲养管理,做好夏秋抓膘和冬春保膘工作,保证所产羔羊健壮,乳汁充足,增强羔羊抗病力。

(2)产羔前对产房作彻底消毒,可选用1%～2%的热火碱水或20%～30%石灰水喷洒羊舍地面、墙壁及产房一切用具,保证母羊体躯、乳房、产地及用具的清洁卫生。新生羔羊脐带严格消毒,注意保暖并保证羔羊吃足初乳。

(3)预防接种。每年秋季可给母羊注射单一或羊厌气五联菌苗(羊快疫、猝狙、肠毒血症、羔羊痢疾、黑疫),产前2～3周再接种一次。羊六联菌苗(羊快疫、猝狙、肠毒血症、羔羊痢疾、黑疫和大肠杆菌病),对由大肠杆菌引的羔痢也有预防作用。

(4)常发病地区,在羔羊出生后12小时内,可口服土霉素0.15～0.2 g,每天1次,连续灌服3天,有一定的预防效果。

(5)对病羔羊要做到早发现,立即隔离,认真护理,积极治疗。粪便、垫草应焚烧,污染的环境、土壤、用具等用3%～5%来苏儿喷雾消毒。

2. 治疗

(1)一般发病较慢、排稀粪的的病羔,可灌服6%硫酸镁(内含0.5%福尔马林液)30～60 ml,6～8小时后再灌服1%高锰酸钾10～20 ml,必要时再服2～3次。

(2)磺胺胍0.5 g,鞣酸蛋白酶0.2 g,次硝酸铋0.2 g,重碳酸钠0.2 g,或再加呋喃西林0.1～0.2 g,水调灌服,每日3次。

(3)土霉素0.2～0.3 g,或再加等量胃蛋白酶,水调灌服,每日2次。病初可用较大剂量的青霉素、链霉素各20万U注射。

(4)盐酸土霉素 200 mg,每 6 小时肌内注射 1 次,连用 2 ~3 天。

(5)对于腹痛不安、流涎不止的病羔,可皮下注射 0.05% 硫酸阿托品 0.2 ~0.3 ml;心脏衰弱的,可皮下注射 25% 安钠咖 0.5 ~1 ml;严重脱水的,可静注 5% 葡萄糖生理盐水 20 ~30 ml;呈现兴奋症状的急性病例,可灌服水合氯醛 0.1 ~0.2 g,或用其他镇静药;严重昏迷的,可试用朱砂 0.3 g,冰片 0.09 g,全蝎0.2 g,温水灌服急救。

(6)有条件时,可用氯霉素、硫酸链霉素、盐酸四环素、新生霉素或红霉素治疗,30 ~50 mg/kg 内服,第二次以后减 1/2 或 1/3 量。每隔 8 小时内服 1 次,连用 3 ~5 天。链霉素和四环素联合内服,效果较好。

有条件时,可用抗羔羊痢疾高免血清 0.5 ~1 ml 肌注,以3 ~10 ml血清治疗已表现明显症状的病羊。除有神经中毒症状的垂危病羔羊难以挽救外,治愈率可达 90% 以上。

第四章　猪常见病诊疗

一、猪繁殖与呼吸综合征

猪繁殖与呼吸综合征(PRRS)俗称“猪蓝耳病”,是由病毒引起的一种接触性传染病。临床特征为厌食、发热、繁殖障碍和呼吸困难,主要危害繁殖母猪、种公猪和仔猪。

【流行病学】猪繁殖与呼吸综合征病毒(PRRSV)分为两个基因型,即欧洲型和美洲型。我国 PRRSV 流行毒株以美洲型为主,其中 PRRSV 变异株是近年来流行的主要毒株。

PRRSV 感染仅限于猪,包括家猪和野猪,各年龄猪均可感染,主要经接触传播和呼吸道传播,感染猪与健康猪直接接触是 PRRSV 传播的主要途径。本病呈流行性或地方性流行,卫生条件差、气候恶劣、饲养密度过高是发病原因。PRRSV 可从血清、肺脏、淋巴结、脾脏、精液、唾液、粪便、尿液以及鼻道、口咽分泌物中分离到。

【临床症状】

1. 母猪

妊娠后 3 个月的母猪感染 PRRSV,表现流产、早产和死胎等繁殖障碍特征,新生仔猪死亡率可达 30% ~100% 。被感染的母猪表现厌食、发热、昏睡、肺炎、缺乳、蓝耳、外阴和皮下水肿、断乳延迟及返情等症状,少数死亡。

2. 仔猪

感染 PRRSV 的新生仔猪呼吸困难、急促,眼周及皮下水肿,结膜炎,耳朵发蓝，食欲不振，发热，皮肤红斑，腹泻，震颤，毛发粗乱，表现神经症状。断乳仔猪感染PRRSV的典型临床症状为发热、肺炎、昏睡及精神萎靡。

3. 育肥猪和公猪

育肥猪症状较轻，仅表现5～7天厌食，呼吸困难，不安和易受刺激，体温可升至40～41℃，常见亚临床感染。公猪感染后表现厌食、发热，精液差。

4. 高致病性猪蓝耳病

发病猪表现41℃以上持续高热，发病率可达100%，死亡率可达50%以上。临床症状包括发热、厌食或不食，耳部、口鼻部、后躯及股内侧皮肤早期发红，后期发绀。另外，伴有眼结膜炎，咳嗽、气喘等呼吸道症状，摇摆、抽搐、行走困难等神经症状。

【病变】猪繁殖与呼吸综合征的可见病变差异很大，与不同PRRSV分离株、猪的遗传及环境应激因素有关。有的病猪肺看不到病变或肺小叶间质增宽、水肿，呈间质性肺炎病变。临床上常因细菌混合感染，而使肺的病变显得较为复杂。病仔猪的淋巴结明显肿大、出血或坏死。脾脏肿胀、坏死。

【诊断】根据流行病学、临床症状、剖检病变可以做出初步诊断，确诊需要进行病原分离、免疫荧光染色（IFA）、ELISA、RT－PCR等实验室检验。注意与猪细小病毒病、猪伪狂犬病、猪流行性乙型脑炎、猪瘟、猪附红细胞体等的鉴别诊断。

【防治】本病可采用疫苗预防。目前国内外已有商品化PRRS疫苗，但鉴于疫苗的安全性，种猪场和PRRS的阴性猪场一般不建议使用PRRS弱毒疫苗，可选用PRRS灭活疫苗进行预防。仔猪和育肥猪可采用PRRS弱毒疫苗进行免疫接种。

另外，猪场最好自繁自养，尽量不从疫区调入种猪。调进种猪要严格执行消毒、隔离、检疫等生物安全措施，防止将新的病毒引入猪群。要做好猪场的兽医卫生防疫工作，发病时要妥善处理死胎和病猪。对发病猪可采用复方黄芪多糖（含黄芪多糖、板蓝根、鱼腥草、利巴韦林），配合猪用干扰素，肌内注射，每千克体重0.1 ml，每日1次，连用3～4天；或泰妙林(泰妙菌素+利巴韦林)注射液,配合猪用干扰素,肌内注射,每千克体重20毫克,每日1次,连用3~4天。通过以上治疗,可以提高猪的机体免疫力,防止继发感染,能在很大程度上减少损失。

二、猪 瘟

猪瘟,又称古典猪瘟(CSF),俗称"烂肠瘟",是猪的一种急性、热性、高度接触性传染病。国际兽医局的国际动物卫生法规将本病列入A类16种法定传染病,定为国际动物检疫对象。

【流行病学】猪瘟病毒属黄病毒科、瘟病毒属。猪瘟病毒可以划分为3个基因型,致病力存在很大差异,但各个基因型之间有交叉保护作用。我国猪瘟病毒的流行毒株属于基因Ⅱ型,占80%以上,而使用比较广泛的猪瘟兔化弱毒疫苗病毒属于基因Ⅰ型。

本病在自然条件下只感染猪,不同品种、年龄、用途的家猪和野猪都易感。1月龄以内的哺乳仔猪,由于从母猪的初乳中获得抗体,往往具有被动免疫力。本病的发生没有季节性,在新疫区常呈急性暴发,发病率、病死率都很高。本病主要经消化道感染,也可经皮肤伤口和呼吸道感染传播。病猪的尸体处理不当,消毒不彻底,病毒可通过运输、交易、配种等途径造成广泛传播。人畜随意进出猪舍,注射器械消毒不严等造成间接传播。

【类型】本病潜伏期2~21天,平均5~7天。根据病程的长短和临床特征,可将猪瘟分为最急性型、急性型、慢性型和温和型。主要临床表现为仔猪发热、扎堆和仔猪高死亡率,皮肤有出血点。

【病变】急性猪瘟剖检可见病猪膀胱黏膜有点状出血,全身的淋巴结肿大,以腹股沟淋巴结和肠系膜淋巴结尤甚,切面呈红白相间的大理石样病变。整个消化道都有病变,胃黏膜或浆膜呈出血性炎症。口腔、齿龈有出血点和溃疡灶,喉头、咽部黏膜有出血点。肺脏有斑点状出血。脾的边缘有红黑色的坏死斑块,似米粒大小,质地较硬,突出被膜表面,称为出血性梗死。肾出血,表面出血点似"麻雀卵状"。大肠出血、坏死。慢性猪瘟病例，在大肠的回盲瓣段黏膜上形成特征性的纽扣状溃疡。

【诊断】根据流行病学、临床症状和剖检变化可做出初步诊断。实验室确诊可采集血样和组织器官，应用免疫荧光抗体技术（IFA）、反转录—聚合酶链反应技术（RT－PCR）进行检测。注意与猪蓝耳病、猪链球菌病、猪附红细胞体病等的鉴别诊断。

【防治】目前本病还没有很好的治疗措施，主要采用猪瘟兔化弱毒细胞苗或脾淋苗免疫预防。仔猪1日龄超前免疫猪瘟兔化弱毒疫苗1头份，60～65日龄加强免疫5～6头份；或者20～22日龄免疫3～4头份，60～65日龄加强免疫5～6头份。养殖小区猪场，进猪7天内注射猪瘟单苗5头份，30～40天后加强免疫5头份。疫苗使用前后4～5天，停用抗病毒药和激素类药物。

三、口蹄疫

口蹄疫（FMD）属一类传染病，俗名“五号病”，是由口蹄疫病毒所引起的偶蹄动物急性、热性、高度接触性传染病。主要侵害偶蹄兽，偶见于人和其他动物，临诊特征为口腔黏膜、蹄部和乳房皮肤发生水疱。

【流行病学】口蹄疫病毒属于微核糖核酸病毒科口蹄疫病毒属。目前已知有7个主型，即A、O、C、南非1、南非2、南非3和亚洲1型。我国流行的口蹄疫主要为O、A、C三型及ZB型（云南保山型）。该病毒在阳光直射下60分钟即可杀死；加温85℃15分钟，煮沸3分钟即死亡。病毒对酸碱试剂敏感，故1%～2%氢氧化钠、1%～2%甲醛等都是良好的消毒液。

本病主要感染偶蹄动物（包括牛、羊、猪、鹿、骆驼等），具有流行快、传播广、发病急、危害大等特点，疫区发病率可达50%～100%，幼畜死亡率较高，成年动物死亡率较低。病畜和潜伏期动物是最危险的传染源。病畜的水疱液、乳汁、尿液、口涎、泪液和粪便中均含有病毒。该病入侵途径主要是经消化道，也可经呼吸道传染。本病传播无明显的季节性，但以春秋两季较多。

【临床症状】该病潜伏期1～7天，体温可升高到40～41℃。发病1～2天后，病猪厌食、喜卧；口腔舌面、齿龈、趾间及蹄冠的柔软皮肤上发生水疱，甚至蹄痂脱落。有时在吻突和乳头皮肤也可见到水疱，有的出现结膜炎。良性口蹄疫死亡率1%～2%。恶性口蹄疫引发病猪全身衰弱、肌肉发抖，食欲废绝，行走摇摆，往往因心脏麻痹而突然死亡，死亡率高达25%～50%。

【病变】除口腔和蹄部病变外，胃肠有出血性炎症；肺呈浆液性浸润；心包内有大量混浊而黏稠的液体。恶性口蹄疫可在心肌切面上见到灰白色或淡黄色条纹，与正常心肌相伴，如同虎皮状斑纹，俗称"虎斑心"。

【诊断】口蹄疫病变典型、易辨认，结合临床病学调查不难做出初步诊断。实验室诊断可采用反转录聚合酶链反应（RT－PCR），用于检测疑似感染动物水疱皮或水疱液中所有血清型口蹄疫病毒，适用于口蹄疫病毒的检测、诊断和流行病学调查；或采用血清学试验（譬如ELISA）检测FMDV感染，具有灵敏、快速、价廉等优点。

【防治】病畜疑似口蹄疫时，应立即报告兽医机关，病畜就地封锁，所用器具及污染地面用2%氢氯化钠消毒。确诊后，立即严格封锁、隔离、消毒及防治。发病畜群扑杀后要无害化处理，畜舍及附近用2%氢氯化钠、1%～2%福尔马林喷洒消毒。对疫区周围健康猪群，选用与当地流行的口蹄疫毒型相同的疫苗紧急接种，疫苗用量、注射方法及注意事项严格按照疫苗说明书。

四、猪圆环病毒病

该病是猪断奶后多系统衰竭综合征（PMWS）、坏死性间质性肺炎（PNP）、猪皮炎肾病综合征（PDNS）等的统称，也是猪免疫抑制性疫病之一，给我国养猪业造成了很大的经济损失。

【流行病学】病原圆环病毒2型（PCV2）是最小的动物病毒之一，对氯仿、碘酒、酒精等有机溶剂不敏感，对苯酚季胺类、氢氧化钠和氧化剂等较敏感。

本病无明显季节性，PCV2 可以通过被污染的空气、水源、饲料等途径传播，感染猪与非感染猪可通过直接接触水平传播。感染猪可通过鼻液、粪便等分泌物排毒，感染公猪的精液中也存在病毒粒子。

【临床症状】主要感染 6 ~ 15 周龄的断奶仔猪。仔猪呈渐进性消瘦，腹部甚至全身皮肤表面有硬币大小的斑块，呼吸急促，有的仔猪腹泻。

【病变】病猪皮下贫血或黄疸，全身淋巴结肿大 2 ~ 5 倍，切面白色多汁。肺脏肿胀，间质增宽，质地坚硬或似橡皮样，有散在、大小不等的褐色实变区。肾脏水肿、苍白，被膜下有大小不一的白斑，髓质部有点状出血。

【诊断】根据发病的临床症状及流行病学特点，可初步诊断为 PCV2 感染。确诊需借助 PCR 检测及血清学诊断技术。

【防治】目前对 PCV2 感染没有很好的治疗方法，主要采取综合防治措施。“全进全出”，降低饲养密度，保持良好的通风和适温，减少各种应激因素。采用黄芪多糖配合干扰素、免疫球蛋白、转移因子新型的抗病毒剂，同时应用促进肾脏排泄和缓解类药物，有良好的效果。采用氟苯尼考等抗菌药物，配合电解多维拌料或饮水，减少细菌并发或继发感染。目前已有商品化的圆环病毒灭活疫苗上市，可对易感猪群进行免疫接种。

五、猪细小病毒病

猪细小病毒病（PPV）主要是引起母猪产死胎、木乃伊胎、早期胚胎死亡和不育，给世界养猪业造成了很大的经济损失。

【流行病学】猪细小病毒（PPV）属于细小病毒属，无囊膜，对外界环境具有很强的抵抗力。

本病常见于初产母猪，一般呈地方性流行或散发。消化道和呼吸道感染是该病传播的主要方式，PPV 也能通过胎盘垂直传染胎儿。

【临床症状】成年猪感染 PPV 几乎不表现临床症状。妊娠母猪随感染时期不同，表现也不同。在妊娠早期（10 ~ 30 天）感染，可引起胚胎死亡，产仔数减少；妊娠中期（40 ~ 60 天）感染，引起死胎、木乃伊胎、异常胎儿等，一般不发生流产，死亡胎儿多在分娩时产出；妊娠 70 天后感染，可造成胎盘炎而流产；妊娠90天以上感染的母猪，多能正常产活仔，但仔猪瘦弱，易死亡。患病母猪易出现发情不正常、久配不孕、空怀等。

【病变】母猪子宫内膜有轻度炎症或胎盘钙化，胎儿被溶解、吸收。被感染的胎儿表现充血、水肿、脱水、黑化畸形，死胎腹腔积液及母猪胎盘钙化等。

【诊断】如果猪场多头初产母猪发生以木乃伊胎为主要特征的繁殖障碍疾病，而经产母猪不表现任何临床症状时，应首先考虑本病，确诊借助于实验室技术。目前，国内外广泛使用的还是HI试验检测PPV血清抗体，简便易行、检出率极高，可用于PPV的流行病学调查和猪群免疫水平的监测。

【防治】加强生物安全措施，控制带毒猪传入猪场。在引进种猪时应隔离2周，经检疫合格后方可与本场猪混饲。重视免疫接种，后备母猪在配种前1～2个月可使用猪细小病毒疫苗预防接种，保证在怀孕前获得主动免疫。

六、猪伪狂犬病

猪伪狂犬病(PR)是由伪狂犬病毒(PRV)引起的一种急性传染病。新生仔猪表现神经症状，妊娠母猪感染后可表现流产、死胎及呼吸系统症状。本病也可感染其他家畜和野生动物。

【流行病学】伪狂犬病毒属于疱疹病毒科猪疱疹病毒属，对外界抵抗力较强，在污染的猪舍能存活1个多月。一般常用的消毒药对该病毒都有效。

本病无明显季节性。病猪、带毒猪以及带毒鼠类为重要传染源。健康猪与病猪、带毒猪直接接触，经皮肤伤口、猪配种可传染本病。仔猪日龄越小，发病率和病死率越高。

【临床症状】哺乳仔猪病初发热、呕吐、下痢、厌食、精神不振、呼吸困难，继而出现神经症状，如共济失调，间歇性痉挛，后躯麻痹，倒地四肢划动。断奶仔猪体温升高，有的出现神经症状，如共济失调，倒地后四肢痉挛，间歇性发作。怀孕母猪感染发生流产，产木乃伊胎、死胎和弱仔。

【病变】脑膜明显充血、出血或水肿，脑脊髓液增多。扁桃体、肝和脾均有散在白色坏死点。肺水肿或出血，有小叶性间质性肺炎，胃黏膜有卡他性炎症，胃底黏膜出血。死亡仔猪扁桃体坏死，肾有出血点。

【诊断】根据临床症状和流行病学可初步诊断为本病，确诊需进行实验室检查。采取家兔接种试验、病毒中和试验或直接免疫荧光试验检查病原，也可采用 gE - ELISA 检测野毒抗体。

【防治】经常灭鼠。用5%石炭酸、2%氢氧化钠、次氯酸钠等消毒。采用伪狂犬病疫苗免疫接种，目前常用弱毒苗、灭活苗及基因缺失苗（首选缺失 gE 糖蛋白的基因工程苗）。

七、猪流行性乙型脑炎

流行性乙型脑炎，又称日本乙型脑炎（简称乙脑），是由病毒引起的，以蚊虫为主要传播媒介的人畜共患病，能够导致母猪流产、死胎、公猪睾丸炎。

【流行病学】流行性乙型脑炎病毒（JEV）属黄病毒科黄病毒属，2%火碱、3%来苏儿水、碘酊、甲醛等都有迅速灭活作用。

该病主要通过蚊虫叮咬传播，所以具有明显季节性，有90%的病例发生在7～9月。猪是乙脑病毒最主要的增殖宿主和传染源，通过“蚊—猪—蚊”循环使乙脑病毒不断扩散。

【临床症状】猪感染乙型脑炎时，体温升高到40～41℃，食欲减少或废绝。粪便干燥呈球状，附有白色黏液。仔猪感染表现神经症状，如磨牙、转圈、口流白沫等。妊娠母猪发生流产，产死胎或木乃伊胎。公猪单侧性睾丸肿胀，性欲减退。早产仔猪多为死胎，大小不一，黑褐色，小的干缩而硬固，中等大的茶褐色、暗褐色。

【病变】死胎和弱仔的主要病变是脑水肿，脑脊髓液增多，脑内容物不成形。出生后存活的仔猪，伴有震颤、抽搐、癫痫等神经症状，剖检多见脑内水肿，肝脏、脾脏、肾脏等有多发性坏死灶。

【诊断】根据流行病学、临床症状、病理变化及实验室检查综合分析，才能确诊本病。在血清学诊断中，常用荧光抗体法、ELISA、反向间接血凝试验和免疫酶组化染色法等。

【防治】预防流行性乙型脑炎，应从畜群免疫接种和消灭传播媒介两方面着手。易感猪群可免疫乙型脑炎疫苗，在当地流行开始前1个月内完成接种。搞好畜舍卫生，强化粪便污水无害化处理，进行环境消毒。

八、猪传染性胃肠炎

猪传染性胃肠炎(TGE)是由传染性胃肠炎病毒(TGEV)引起的高度接触性肠道传染病，以剧烈腹泻、呕吐、胃肠黏膜脱落为主要特征。

【流行病学】猪传染性胃肠炎病毒属于冠状病毒科，耐低温，对热敏感。

本病有明显的季节性，冬春季节(即11月至翌年4月)天气变化较大时发病最多，夏季发病最少。各种年龄猪都可感染，但5周龄以下猪的死亡率很高。

【临床症状】10日龄以下仔猪呕吐，严重者腹泻、死亡率高；保育期仔猪发育不良，断奶后发育迟缓；成年猪、育肥猪症状较轻，出现一过性灰色或褐色水样腹泻，一般3～7天恢复，极少死亡。

【病变】本病的病理变化主要在消化系统，小肠内充满白色至黄绿色液体，肠壁菲薄，肠系膜充血，淋巴结肿胀。

【防治】本病有明显的季节性，寒冷季节多发、传播迅速。各年龄猪都可感染发病，表现呕吐、水样腹泻和脱水等。寒冷季节做好保温及生物安全工作，对发病猪提供充足的饮水及营养，多发季节可采取疫苗免疫。

九、猪轮状病毒病

猪轮状病毒病是由轮状病毒引起的高度接触性肠道传染病，以迅速发生腹泻等为主要特征。

【流行病学】病原为轮状病毒，主要存在于病猪的肠道内，经排毒而感染其他猪。病毒对外界因素的抵抗力较强，半年后仍有感染性。

本病潜伏期18～19小时，呈地方流行性。各年龄和性别的猪都有可能感染，以60日龄以内的仔猪多发，发病率为50%～80%。

【临床症状】本病以厌食、呕吐、下痢为主要特征。病猪精神委顿，食欲减退，常有呕吐，迅速发生腹泻，粪便呈水样或糊状，黄白色或暗黑色。腹泻愈久，脱水愈明显。仔猪发热怕冷，扎堆。环境温度下降和继发大肠杆菌病，常会加重症状和使死亡率增高。

【病变】胃内充满凝乳块，小肠胀气，肠壁菲薄，呈半透明状，有时发生弥漫性充血，内容物黄色水样且含有未充分消化的凝乳块。

【防治】对发病猪宜对症施治，可投用收敛止泻药剂及抗菌药物，保持充足饮水及酸碱平衡。主要通过给母猪免疫注射轮状病毒活疫苗，提高初乳免疫力进行预防。

十、猪流行性感冒

猪流行性感冒，简称猪流感，临床表现为咳嗽、流涕、呼吸困难、高热，是人畜共患病。

【流行病学】猪流感病毒为正黏病毒，主要包括H1N1、H3N2和H1N2。

各年龄猪都有易感性，天气多变的秋末、早春和寒冷的冬季易发病。本病传播迅速，常呈地方性流行或大流行。本病发病率高，死亡率低（4%～10%）。病猪和带毒猪是猪流感的主要传染源，愈后猪带毒6～8周。

【临床症状】病猪发热，食欲减退或废绝；呼吸困难，剧烈咳嗽，眼鼻流出黏液，眼睑肿胀充血；皮肤发红，体温升高达40～41.5℃。

【病变】猪流感的病理变化主要在呼吸器官，鼻、咽、喉、气管和支气管的黏膜充血、肿胀，附着黏液，小支气管和细支气管内充满泡沫样渗出液。胸腔、心包腔蓄积大量混有纤维素的浆液。肺脏由红至紫，塌陷、坚实，韧度似皮革。脾脏肿大，淋巴结肿大多汁。

【诊断】根据流行病史、发病情况、临床症状和病理变化，可做出初步诊断。实验室确诊可采集血样和组织器官，应用免疫荧光抗体技术（IFA）、反转录—聚合酶链反应技术（RT－PCR）进行检测。注意与猪喘气病的鉴别诊断。

【防治】加强饲养管理，定期消毒，对患猪要早发现、早治疗，清热解毒的中草药制剂对本病有较好的疗效。对病死猪进行无害化处理，疑似病猪一律焚烧深埋后再消毒。

十一、猪增生性肠炎

猪增生性肠炎（PPE）是由细胞内劳森菌引起的一种接触性传染病，近年来世界各国日渐重视，又名坏死性肠炎、增生性出血性肠病、回肠炎等。

【流行病学】细胞内劳森菌为革兰阴性杆菌，可在5～15℃的环境中存活至少1～2周，对季铵类消毒剂和含碘消毒剂敏感。

本病发病率为0.7%～30%，常呈隐性感染。病猪和带菌猪的粪便中含有细菌，污染外界环境、饲料和饮水，健康猪经消化道感染。天气突变、混群或转群、长途运输、饲养密度过大等应激因素，均可诱发本病。

【临床症状】本病分为急性型与慢性型两种。急性型通常发生于后备种猪及育成猪，以及部分经产母猪。病猪呈暴发性、散发性发病，排黑色（隐血）或暗红色粥样粪便，病死猪和同群中病猪皮肤苍白。慢性型回肠炎一般发生于20～50 kg体重的猪，临床症状轻微，仅食欲减退，皮肤苍白，粪便变软不成形、变稀，有时混有血液。

【病变】病变出现在回肠、盲肠及结肠前部，可见小肠末端和结肠螺旋前端肠壁增厚，呈深褶状。切开病变组织外翻，肠黏膜变厚、坏死，内容物呈黄灰糊状或线状溃疡，大肠回旋部充满血液。部分患猪肠系膜淋巴结肿大、出血。

【诊断】病理学诊断主要依据小肠或结肠增生的黏膜上皮细胞内检出细胞内劳森菌。PCR 可检出患猪粪便中的细菌，虽然有 97% 的特异性，但敏感性差异很大。免疫组化试验（IHC）比 PCR 的结果更可靠、敏感性更高，能检出早期或慢性、坏死性或自体溶解病变中的细菌。注意与沙门菌病、传染性胃肠炎、流行性腹泻等的鉴别诊断。

【防治】在饲料中添加 30 ~ 40 毫克/千克，或饮水中添加 0.006% 泰妙菌素，可有效预防该病。发现病猪，可用泰乐菌素 100 毫克/千克拌料饲喂。减少外界环境的不良刺激，提高猪体的抵抗力。采用“全进全出”的饲养制度，对空猪舍（栏）彻底冲洗和消毒。目前已经有商品化疫苗上市，可对易感猪群进行免疫接种。

十二、副猪嗜血杆菌病

副猪嗜血杆菌病（HPS）是由细菌引起，可导致纤维素性肺炎、腹膜炎及多发性关节炎等，已成为影响世界养猪业的重要疫病之一。

【流行病学】副猪嗜血杆菌是上呼吸道的常在微生物，是一种机会致病菌。本病可以并发或继发于猪蓝耳病、圆环病毒病、猪瘟等，使疫情复杂化，经济损失加重。2 周龄至 4 月龄猪均可发病，5 ~ 8 周龄的仔猪多发。猪群遇到应激因素易暴发本病，发病率为 10% ~ 15%，病死率 50%。

【临床症状】病猪发热、食欲不振，呼吸困难、咳嗽；关节肿胀，关节积液或有干酪样物质，皮肤发红，消瘦，被毛凌乱。

【病变】剖检以纤维素性肺炎、腹膜炎、心包炎和脑膜炎为特征。

【诊断】补体结合试验、间接血凝试验、酶联免疫吸附试验已用于检测副猪嗜血杆菌的抗体。现已建立的 PCR 诊断方法，进一步提高了检测副猪嗜血杆菌的灵敏性。

【防治】加强饲养管理与环境消毒，减少各种应激；疾病流行期间，在仔猪断奶时可暂不混群，混群时一定要严格把关；注意保温；在猪群断奶、转群、混群或运输时可在饮水中加入维生素 C 等，同时在饲料中添加组合药物。如在仔猪断奶后饲料中添加支原净 100 g/吨 + 金霉素 300 g/吨

+阿莫西林250 g/吨，或支原净100 g/吨+强力霉素200 g/吨。一旦猪群出现临床症状，可肌内注射头孢菌素、先锋霉素、增效磺胺类药物，但本菌对红霉素、氨基糖苷类、壮观霉素和洁霉素有抵抗力。副猪嗜血杆菌病严重的猪场，必要时可进行免疫接种。由于副猪嗜血杆菌的血清型多，猪场可选用副猪嗜血杆菌多价灭活苗进行免疫。

十三、猪链球菌病

猪链球菌病是由致病性链球菌引起的多种疾病的总称，也是重要的人畜共患传染病之一。

【流行病学】链球菌呈链状排列，球形，有荚膜，革兰阳性。对外界环境抵抗力较强，对一般消毒剂均敏感。

本病呈地方流行性，各年龄猪均易感，哺乳仔猪、保育仔猪的发病率和病死率较高。主要经伤口、呼吸道感染，还可经消化道感染。

【类型】

1. 急性败血型

多呈暴发性流行。病猪体温升至40~42℃，食欲废绝，眼结膜潮红，耳朵、腹下皮肤发红或出现紫斑。后期呼吸困难，1~4天死亡。

2. 脑膜脑炎型

多见于哺乳仔猪和断奶仔猪。病初体温升高达40.5~42.5℃，厌食，鼻流带血泡沫；继而出现神经症状，四肢共济失调，转圈、磨牙、仰卧、后肢麻痹、跛行，病程1~5天。

3. 关节炎型与淋巴结脓肿型

关节肿胀、疼痛，跛行，重者不能站立。淋巴结脓肿型多见于颌下淋巴结。淋巴结肿胀，成熟后变软，皮肤破溃流出脓汁。一般呈良性经过，病程2~3周。

【病变】

1. 急性败血型

血液凝固不良，肺肿胀、出血，脾脏、肾脏肿大，全身淋巴结有不同程度的肿大、出血。心肌及心脏内膜出血。腹腔积液,含有絮状纤维素,附着于脏器。

2. 脑膜脑炎型

脑膜充血、出血,严重者溢血,部分脑膜下有积液。

3. 慢性关节炎型

关节皮下有胶冻样水肿,关节囊内有黄色胶冻样或纤维素性渗出物。

【诊断】本病症状和病变较复杂,易与急性猪丹毒、急性猪瘟、李氏杆菌病混淆,确诊要进行实验室检测。用病猪的血液或器官涂片、染色镜检,如发现单个或呈短链的革兰阳性球菌,即可确诊。生化试验:取上述病料接种于血液琼脂平皿,37℃培养24~48小时,可见β溶血的细小菌落,取单个的纯菌落进行生化试验和生长特性鉴定。

【防治】一旦发病,全群猪都要在饲料中添加敏感药物,防止继续传播。有条件要做药敏试验,选择敏感药物治疗。用大剂量青霉素,氨苄青霉素,先锋Ⅳ、Ⅴ、Ⅵ,小诺霉素和磺胺嘧啶,磺胺六甲氧,磺胺五甲氧早期治疗,有一定的疗效。

做好猪舍卫生和消毒工作。目前已有商品猪链球菌疫苗,但由于链球菌血清多,疫苗效果不理想。如能分离细菌,制备自家菌苗,效果最佳。

十四、猪传染性萎缩性鼻炎

猪传染性萎缩性鼻炎(AR)是由细菌混合感染引起的一种呼吸道慢性传染病。临床特征为慢性鼻炎、眼结膜炎、颜面部变形、鼻甲骨萎缩和生长迟缓。

【流行病学】病原由两种细菌组成,分别为支气管败血波氏杆菌和产毒素的多杀性巴氏杆菌,均为革兰阴性短小杆菌。

各年龄的猪都可感染本病,常发于6~8周龄的猪。出生后几天至几周内的仔猪感染后,容易引起鼻骨萎缩;较大的猪发生卡他性鼻炎和咽炎。本病主要经飞沫传播,病猪和带菌猪通过接触经呼吸道传染健康猪。特别是母猪患病时,易传染仔猪。

【流行症状】病猪初期打喷嚏、流鼻涕、咳嗽，鼻中流出浆液性或脓性分泌物，有时可见鼻流血。同时病猪眼角不断流泪和流分泌物，内眼角下部形成一个半月形的泪痕，呈褐色或黑色，俗称“黑斑眼”。随着病程发展，病猪鼻子歪斜。本病一般不造成病猪死亡，但生长迟缓或停滞。

【病变】把猪的第一、二臼齿之间锯成横断面，可见到鼻甲骨萎缩，卷曲变小而钝直，或卷曲消失，甚至形成空洞，鼻中隔弯曲。

【诊断】根据流行特点、临床症状和病理变化可做出初步诊断，必要时可进行病原的分离和鉴定，也可用平板凝集试验进行血清学诊断。

【防治】执行兽医卫生措施，严防购进病猪或带菌猪。对种母猪和仔猪用猪萎缩鼻炎灭活苗免疫接种。在疫区商品猪场可选用土霉素、泰乐菌素或磺胺类药，在母猪产前1个月至断奶期间添加到饲料中。

十五、猪大肠杆菌病

猪大肠杆菌病是由病原性大肠杆菌引起的仔猪肠道传染性疾病，常见的有仔猪黄痢、仔猪白痢和水肿病3种。

（一）仔猪黄痢

仔猪黄痢，又称早发性大肠杆菌病，是1～7日龄仔猪易发生的一种急性、高度致死性的肠道传染病。临床上以剧烈腹泻，排黄色或黄白色水样稀便，迅速脱水死亡为特征。

【流行病学】一般本病没有季节性，寒冬和炎夏、潮湿多雨季节多发。头胎母猪所产仔猪发病最为严重，随着胎次增加，仔猪发病逐渐减轻。新生仔猪24小时内最易感染发病，最迟不超过7天。

【临床症状】病猪最初突然腹泻，排出稀薄如水样、黄色至灰黄色粪便，混有小气泡并有腥臭味，随后腹泻愈加严重，数分钟即泻一次。病猪口渴、脱水，但无呕吐现象，最后昏迷死亡。

【病变】最显著病变为肠道的急性卡他性炎症，以十二指肠最严重。胃臌胀，内部充满酸臭的凝乳块，胃底部黏膜潮红。肠壁变薄，黏膜和浆膜充血、水肿，肠腔内充满腥臭的、黄色或黄白色稀薄内容物。

【防治】加强饲养管理，保温和防潮。母猪分娩时专人守护，母猪乳头用0.1%高锰酸钾溶液清洗干净。产前、产后各一周在母猪饲料中拌入利高霉素预混剂，有良好的预防本病作用。大肠杆菌易产生抗药菌株，要交替用药，如果条件允许，最好做药敏性试验后再选择用药。

（二）仔猪白痢

仔猪白痢是由大肠杆菌引起的，10～30日龄仔猪多发的急性消化道传染病。以排腥臭的灰白色粥样稀便为主要特征，发病率高，死亡率低。

【流行病学】一般本病发生于10～30日龄仔猪，7日龄以内和30日龄以上的仔猪很少发生。本病的发生与各种应激因素有关，如没有及时给仔猪吃初乳，母猪奶量过多、过少与奶脂过高，母猪饲料突然更换或配合不当，圈舍污秽，冬、春季节气温骤变，阴雨连绵或保温不良等。

【临床症状】病猪突然发生腹泻，排出白色、灰白色以至黄色粥状、有特殊腥臭黏腻的粪便。体温和食欲一般无明显变化。病猪逐渐消瘦，发育迟缓，拱背，行动迟缓，皮毛粗糙无光、不洁。病程2～3天，易自愈。

【病变】病猪消瘦、脱水，主要病变位于胃和小肠前部，胃内有少量凝乳块。部分肠黏膜充血，肠壁变薄而呈半透明状，肠黏膜易剥离；肠内空虚，含大量气体和少量稀薄、黄白色、带酸臭味粪便。肠系膜淋巴结水肿。

【防治】参照黄痢的治疗方法。

（三）仔猪水肿病

仔猪水肿病是由溶血性大肠杆菌毒素引起，以断奶仔猪眼睑或其他部位水肿，表现神经症状为主要特征。

【流行病学】本病多发于断奶后1～2周的肥胖幼猪，特别是气候突变和阴雨后多发，发病率5%～30%，病死率达90%以上。发育过快的仔猪发病率和死亡率高。另外，水肿病多发生在饲料比较单一，缺乏矿物质（硒）和维生素（B族及E）的猪群。

【临床症状】发病仔猪眼睑或结膜及其他部位水肿，盲目行走或转圈，共济失调，口吐白沫，叫声嘶哑；进而倒地抽搐，四肢呈游泳状；逐渐后躯麻痹，卧地不起，昏迷死亡。

【病变】全身多处组织水肿，特别是胃壁、结肠肠系膜、眼睑和面部以及颌下淋巴结水肿是本病的特征性病变。胃底区黏膜下有厚层的透明带，有带血的胶冻样水肿物浸润，使黏膜层和肌层分离。结肠肠系膜胶冻状水肿，充满于肠袢间隙。此外，大肠壁、全身淋巴结、眼睑和头颈部皮下也有水肿。

【防治】加强饲料管理，缺硒地区仔猪断奶前补硒，适当搭配一些青绿饲料，防止日粮中蛋白含量过高。仔猪断奶前 7～10 天，用猪水肿多价浓缩灭活菌苗肌注 1～2 ml，可预防本病。治疗可选用头孢类药物或小诺霉素及维生素 B_{12}，肌内注射，12 小时一次；或口服利尿素；或用速尿肌注。

十六、猪传染性胸膜肺炎

猪传染性胸膜肺炎，又称猪接触传染性胸膜肺炎。急性和亚急性病例以纤维素性出血性胸膜肺炎，慢性病例以纤维素性坏死性胸膜肺炎为主要特征。

【流行病学】病原为胸膜肺炎放线杆菌（APP），是革兰阴性、有荚膜的小球杆菌，生长需要 V 因子。迄今已发现 15 个血清型，我国以 1、3、7 型为主。

【临床症状】病猪和带菌猪是本病的传染源，主要通过呼吸道或接触传播。气温剧变、潮湿、通风不良、饲养密集、管理不善时本病多发，一般无明显季节性。6 周龄后的生长育肥猪发病率较高。急性型，病猪精神沉郁，食欲不振或废绝，体温 40.5～41.5℃；呼吸困难，气喘和咳嗽，鼻部可见明显出血。病情稍缓，猪通常于发病后 1～3 天死亡。亚急性或慢性，常由急性转变而来，体温不升高或略有升高，阵咳或间断性咳嗽。

【病变】剖检主要是肺炎和胸膜炎，急性型多为两侧性肺炎，纤维素性胸膜炎明显。亚急性型和慢性型可见纤维素性肺炎，肺与胸膜粘连，严重的与心包粘连、胸腔积水。

【诊断】根据流行病学、临床症状和剖检变化，可做出初步诊断。确诊需进行病原学诊断，如补体结合反应、ELISA、间接血凝等，也可采用

PCR 方法进行扩增。注意与猪支原体肺炎、副猪嗜血杆菌病及蓝耳病的鉴别诊断。

【防治】免疫接种：选用的疫苗应与当地流行的菌株血清型匹配；或制备自家苗或组织苗，配合药物，能很好地控制该病，对血清型不明的猪场尤为有效。

药物预防：猪胸膜肺炎放线杆菌对头孢噻呋、替米考星、先锋霉素等药物较为敏感。猪场应有计划地定期轮换敏感药物，防止细菌产生抗药性。

改善和加强饲养管理，减少猪的应激。猪舍及环境定期消毒，消灭病原微生物。

十七、仔猪渗出性皮炎

仔猪渗出性皮炎（EE）又称仔猪油皮病，是葡萄球菌引起的一种急性传染病。仔猪全身油脂样渗出，形成皮痂并脱落，甚至脱水死亡。

【流行病学】葡萄球菌为革兰阳性、条件致病菌，对环境的抵抗力较强，在干燥的脓汁或血液中可以存活 2 ~ 3 个月，但对消毒剂的抵抗力不强，一般的消毒剂均可杀灭。

本病一年四季均可发生，在猪群中一般呈散发性，病死率低，发病率一般在 2% ~ 10%。该病主要感染 1 ~ 5 周龄的仔猪。该病主要通过皮肤接触传播，也可通过间接接触污染的墙壁和用具传播。

【临床症状】病猪食欲不振、脱水和皮肤渗出物是本病特征。患病仔猪皮肤排出物多呈红色。首先在猪腋部和肋部出现薄的、灰棕色、片状渗出物或结痂，3 ~ 5 天扩展到腹部、背部、耳朵等处的皮肤，很快变为富含脂质。触摸患猪皮肤温度增高，被毛粗乱，渗出物直接粘连到睫毛上。同窝仔猪发病严重程度不同。发病严重的猪体重迅速减轻，在 3 ~ 10 天内死亡。耐过猪皮肤出现皱褶，生长明显变慢。

【诊断】根据临床症状、猪日龄和眼观的病理变化做出初步诊断，确诊必须经过实验室检测。细菌学检查：采集患病仔猪的皮肤或脏器，直接涂片后用革兰染色，镜检看到葡萄状的阳性球菌可确诊。血清学诊断：采用玻片凝集试验、免疫扩散试验或 ELISA 等方法检测。PCR 技术可做快速诊断，具有很高的灵敏度。

【防治】对猪体、圈舍、场地定期彻底消毒，杀灭病原；加强仔猪出生、断奶时的管理，合理搭配饲料，以增强抵抗力。免疫接种，目前还没有正规的疫苗生产，自制灭活菌苗预防是最好的办法。葡萄球菌容易产生耐药性，最好根据药物敏感试验指导给药。联合使用三甲氧苄二氨嘧啶、磺胺或林可霉素、壮观霉素等，治疗效果较好。

十八、猪丹毒

猪丹毒是由猪丹毒杆菌引起的一种急性热性传染病。病程多为急性败血型或亚急性疹块型，转为慢性关节炎或心内膜炎。

【流行病学】猪丹毒杆菌是一种革兰阳性菌，多呈长丝状。本菌对盐腌、火熏、干燥、腐败和日光等抵抗力较强，对 2% 福尔马林、1% 漂白粉、1% 氢氧化钠等消毒药敏感。

本病主要发生于猪，人也可以感染本病，称为类丹毒。病猪和带菌猪是本病的传染源，病菌主要经消化道传播，也可以通过损伤皮肤及吸血昆虫传播。猪丹毒一年四季都有发生，以炎热多雨季节最易流行。

【临床症状】

1. 急性败血型

此型最为常见，病猪体温达到 42～43℃，稽留不退。粪便干硬，附有黏液。呼吸增快，黏膜发绀。部分病猪皮肤潮红，继而发紫，以耳、颈、背等部较为多见。病死率 80% 左右，不死猪转为疹块型或慢性型。

2. 亚急性疹块型

体温升高至 41℃ 以上。皮肤表面突现红色或紫色疹块，呈方块形、菱形或圆形。

3. 慢性型

表现为关节炎、心内膜炎和皮肤坏死等。慢性关节炎型病猪四肢关节炎性肿胀，腿僵硬、疼痛。慢性心内膜炎型病猪消瘦，贫血，全身衰弱，呼吸急促。慢性型猪丹毒皮肤大面积淤血，有时皮肤坏死，常发生于背、颈和耳等处。局部皮肤肿胀、隆起、坏死、色黑、干硬似皮革。坏死皮肤逐渐与下层新生组织分离，犹如一层甲壳。坏死区有时范围很大，可占据整个背部皮肤。

【病变】败血型猪丹毒主要表现为急性败血症的全身变化，以体表皮肤红斑为特征。全身淋巴结发红肿大，切面多汁。肺充血、水肿。脾呈樱桃红色，充血、肿大。消化道黏膜弥漫性出血。肾体积增大，呈弥漫性、暗红色。慢性关节炎型表现为关节肿胀，有大量浆液性纤维素性渗出液，黏稠或带红色。慢性心内膜炎为溃疡性或呈椰菜样。

【诊断】根据本病流行病学、临床症状和病理变化，可做出初步诊断。确诊需进行细菌检查。

【防治】青霉素治疗本病效果非常好，土霉素和四环素也有效。在猪丹毒常发区和集约化猪场，每年春秋两季选用猪丹毒弱毒菌苗预防注射。定期消毒，保持用具、场圈的清洁卫生。

十九、猪钩端螺旋体病

该病是一种人畜共患病和自然疫源性传染病。临床表现为发热、黄疸、血红蛋白尿、流产、出血性素质、水肿等。

【流行病学】猪钩端螺旋体呈螺旋形、细长条状，通常两端弯曲成钩。一般消毒剂（苯酚、煤酚、乙醇、高锰酸钾等）常用浓度均可杀死。

钩端螺旋体最重要的宿主是鼠类，猪、水牛、牛、鸭感染率也较高。本病主要通过皮肤、黏膜和消化道传染，也可通过交配、人工授精和吸血昆虫叮咬传播。各年龄猪均可发病，以仔猪多发。我国南方地区猪发病较为严重。

【临床症状】病猪体温升高，精神沉郁，喜卧，不愿站立。眼结膜潮红浮肿，有的泛黄。有的病猪上下颌、头部、颈部甚至全身水肿，俗称“大头瘟”。有的仔猪皮肤出血，尿液变黄、茶尿、血红蛋白尿，甚至血尿。病猪有时腹泻，病死率 50% ~ 90%。怀孕母猪感染钩端螺旋体后可发生流产。

【病变】急性病例的眼观病变主要是黄疸、出血、血红蛋白尿，以及肝和肾不同程度的损害。有的病例在上下颌、头、颈、胃壁等部位出现水肿。慢性可见猪皮肤、皮下组织、浆膜、脏器有程度不同的黄疸，胆囊肿大、淤血。肾脏水肿，肾盂淤血、出血。

【诊断】根据流行季节（7 ~ 10 月份）和临床症状（黄疸、血红蛋白尿、水肿）等可做出初步诊断，确诊需进行微生物学检查或血清学检查。

【防治】日常做好灭鼠工作，消除被污染的水源、饲料、用具等。治疗选用链霉素肌内注射，饲料中添加氟苯尼考，同时静脉注射维生素 C、葡萄糖和强心利尿制剂，可以提高治疗效果。采用钩端螺旋体病多价苗进行预防接种，提高猪群免疫力。

二十、猪附红细胞体病

猪附红细胞体病，简称猪附红体病，以贫血、黄疸、发热为主要特征。

【流行病学】猪附红体呈球形、环形或椭圆形，粘附在红细胞表面。附红细胞体对干燥和化学消毒剂抵抗力弱，一般的消毒药均能杀死病原。

本病一年四季均可发生，在高温高湿的 7 ~ 9 月份多发。不同年龄的猪均易感，通过伤口、配种或粪尿可直接传播，也可通过蚊子、疥螨、虱子等吸血昆虫传播。被污染的注射器、针头、阉割刀、剪尾钳、耳号钳等，也是不容忽视的传播媒介。

【临床症状】病猪体温突然升高至 40.5 ~ 42℃，尿液淡红或呈红褐色，病初期皮肤发红，指压褪色，故有“红皮病”之称。病中期皮肤苍白黄染或全身黄染，腹部、颈部、背部皮肤出现暗红色出血点。眼结膜初期充血潮红，后期黄染，耳朵、眼圈皮肤充血变紫红色。部分怀孕母猪出现早产、产弱仔、流产。产房母猪分娩后，常伴有乳房和阴唇水肿，乳头发紫。

【病变】病猪血液稀薄，呈樱桃红色，凝固性低；肝脏脂肪变性、黄染；胆汁浓稠、胆囊壁肿胀；脾脏肿大，被膜下及边缘有突起的暗红色小颗粒状物；肺淤血水肿，气管内有黏稠的黄白色分泌物；肾肿大、苍白；内脏器官黄染；全身淋巴结肿大，切面外翻，轻度黄染；皮肤毛孔出血，尿液淡黄至暗红。慢性或隐性感染猪主要表现皮肤苍白，贫血，可视黏膜淡黄染，皮肤毛孔有陈旧性褐色出血点。实验室检查可采用鲜血压片或染色镜检附红细胞体。

【防治】加强饲养管理，减少应激因素，定期消毒，加强灭蚊、灭蝇等工作，严格消毒注射器、针头、耳号钳等器械。预防本病，猪饲料中加入洛克沙砷、阿散酸、土霉素或强力霉素等，每次饲喂 5～7 天。病猪可肌注血虫净或静注黄色素。用附红细胞体病康复后猪的血清，有很好的治疗效果。体温超过40.5℃以上的病猪，可用复方氨基比林、安乃近、安痛定等解热，同时灌注口服补液盐和 5% 碳酸氢钠溶液，纠正水、电解质失衡和酸血症。

二十一、猪鞭虫病

猪鞭虫病是由猪鞭虫（猪毛尾线虫）引起，又称猪毛尾线虫病，具有普遍性。

【流行病学】成虫在盲肠中产卵，卵随粪便排到外界，在适宜的温度和湿度下 3 周发育为感染性虫卵（内含感染性幼虫）。虫卵随饲料及饮水被宿主吞食，幼虫在小肠内脱壳而出，第 8 天后移行到盲肠和结肠并固着在肠黏膜上，经 1 个月发育为成虫。成虫的寿命为 4～5 个月。

本病主要发生于幼畜，1.5 月龄的仔猪即可检出虫卵，4 月龄猪粪便中虫卵数和感染率均很高，14 月龄以上的猪很少感染。由于厚厚的卵壳保护，虫卵的抵抗力极强，可在土壤中存活 5 年。本病一年四季均可感染，夏季发病率最高。

【病变】轻度感染不显症状。严重感染时，虫体布满盲肠黏膜，引起病猪消瘦和贫血。虫体因吸血而损伤猪肠黏膜，使粪便带血和黏膜脱落，病猪出现顽固性下痢。盲肠和结肠黏膜出血、坏死、水肿和溃疡，还有类似于结节虫病的结节，结节中含有虫体或虫卵。

【诊断】根据虫卵检测和剖检可做出诊断。

【防治】大部分驱虫药(如阿维菌素类药物、多拉菌素、苯硫咪唑等)对猪鞭虫的效果较差。建议使用:羟嘧啶2 mg/kg,混入饲料喂服;左旋咪唑 8 mg/kg,混饲或混饮;敌敌畏 11.2~21.6 mg/kg,与1/3 的日料混饲。

二十二、猪弓形体病

猪弓形体病,又称为弓浆虫病或弓形虫病,是由弓形体感染动物和人、人畜共患的原虫病。本病以高热、呼吸及神经系统症状,猪死亡,怀孕母猪流产、死胎、胎儿畸形为主要特征。

【流行病学】弓形虫在整个发育过程中分为 5 种类型,即滋养体、包囊、裂殖体、配子体和卵囊,其中滋养体和包囊是在中间宿主(人、猪、犬、猫等)体内形成的,裂殖体、配子体和卵囊是在终末宿主(猫)体内形成的。

弓形虫是一种多宿主原虫,可感染多种动物。猪发病多见于 3~4 月龄,死亡率较高。病畜的脏器和分泌物、粪、尿、乳汁、血液及渗出液,尤其是随猫粪排出的卵囊污染的饲料和饮水,都是传染源。猪主要是吃了被卵囊或带虫动物的肉、内脏以及被分泌物等污染的饲料和饮水,经消化道感染。猫是最主要的传染源。本病无明显的季节性,以 6~9 月份夏秋炎热季节多发。猪急性感染后,经 3~7 天的潜伏期,呈现与猪瘟极相似的症状,体温升高至 40.5~42℃,稽留 7~10 天。病猪精神沉郁,食欲减少或废绝,喜饮水,伴有便秘或下痢。呼吸困难,常呈腹式呼吸或犬坐式呼吸。后肢麻痹,行走摇晃,喜卧。鼻镜干燥,被毛粗乱,结膜潮红。随着病程发展,耳、鼻、后肢内侧、下腹部皮肤出现紫红色斑或出血点。眼睑微肿,耳充血,流鼻涕,有时咳嗽。病后期严重呼吸困难,后躯摇晃或卧地不起,病程 10~15 天。

【病变】肺呈大叶性肺炎,暗红色,间质增宽,含大量浆液而膨胀成为无气肺,切面流出大量带泡沫的浆液。全身淋巴结有大小不等的出血点和灰白色的坏死点。肝肿胀并有散在针尖至黄豆大的灰白或灰黄色坏死灶。在病早期脾脏显著肿胀，有少量出血点和坏死灶，后期萎缩。肾脏的表面和切面有针尖大出血点。肠黏膜肥厚、糜烂，从空肠至结肠有出血斑点。心包、胸腔和腹腔有积水。病理组织学变化为，肝脏局灶性坏死、淤血，全身淋巴结充血、出血，并发非化脓性脑炎、肺水肿和间质性肺炎等。在肝脏坏死灶周围的肝细胞浆、肺泡上皮细胞和单核细胞、淋巴窦内皮细胞内，常见有单个或成双的3～5个弓形虫。

【诊断】根据临床症状、病理变化和流行病学特点可做出初步诊断，确诊必须在实验室中查出病原体或特异性抗体。

【防治】治疗本病磺胺类药有效，抗生素类药物无效。预防本病最重要的是做好生物安全防护。

二十三、猪蛔虫病

猪蛔虫病是由猪蛔虫寄生于猪小肠引起的一种线虫病，呈世界性流行，集约化养猪场和散养猪均广泛发生。严重患病的仔猪生长发育停滞，形成“僵猪”，甚至死亡。

【流行病学】猪蛔虫是寄生于猪小肠中最大的一种线虫，新鲜虫体为淡红色或淡黄色。

猪蛔虫病流行很广，一般在饲养管理较差的猪场均有该病。3～5月龄的仔猪最易感染猪蛔虫，常严重影响生长发育，甚至死亡。病猪喜食异物。

【临床症状】猪蛔虫移行至肺时，引起蛔虫性肺炎。临诊表现为咳嗽、呼吸增快、体温升高、食欲减退和精神沉郁。病猪伏卧在地，不愿走动。幼虫移行时还引起嗜酸性粒细胞增多，出现荨麻疹和某些神经症状类的反应。成虫寄生于小肠时机械性地刺激肠黏膜，引起腹痛，剖检可见成虫。蛔虫多时常凝集成团，堵塞肠道，导致肠破裂。有时蛔虫可进入胆管，造成胆管堵塞，引起黄疸等。幼虫移行至肝脏时，引起肝组织出血、变性和坏死，形成云雾状的蛔虫斑，直径约1厘米。成虫能分泌毒素，作用于中枢神经和血管，引起一系列神经症状。成虫夺取宿主大量的营养，使仔猪发育不良、生长受阻、被毛粗乱，形成“僵猪”，严重者死亡。

【诊断】对2月龄以上仔猪，可用饱和盐水漂浮法检查虫卵。正常的受精卵为短椭圆形，黄褐色，卵壳内有一个受精的卵细胞，两端有半月形空隙。卵壳表面有起伏不平的蛋白质膜，通常比较整齐。有时粪便中可见到未受精卵，扁长，蛋白质膜常不整齐，卵壳内充满颗粒，两端无空隙。

【防治】用氟苯咪唑、阿维菌素、伊维菌素等驱虫，均有很好的效果。首先要对全群猪驱虫，以后公猪定期每年驱虫2次，母猪产前1～2周驱虫1次，仔猪转入新圈时驱虫1次。母猪转入产房前要用肥皂清洗全身，同时保持猪舍、饲料和饮水的清洁卫生。

二十四、白 肌 病

本病是由于饲料中硒含量不足或维生素E缺乏所致，以病猪生长迟缓、运动障碍、消化紊乱、肌肉变性等为特征的营养代谢障碍性综合征。

【流行病学】白肌病是一种急性非传染性疾病，20日龄仔猪多发，成年猪很少发病，每年的3～4月份多发。猪突然发病和死亡，发病猪、死亡猪的骨骼肌（主要是后肢肌肉和臀部肌肉）和心肌发生变性，甚至坏死，像煮过的肉一样，呈灰红色。

【临床症状】患病仔猪突然精神沉郁，食欲减少或废绝，呼吸困难，心脏衰竭而死；病程长者后肢僵硬，拱背，行走摇晃，肌肉发抖。

【病变】剖检可见心肌切面粗糙，呈灰白色条纹状；心包积液，心肌色淡、坏死。肝脏肿大、质脆易碎，有出血和坏死。

【防治】加强饲养管理，饲料要多样化，给予怀孕母猪足够的青绿饲料。冬季给予含丰富维生素A、E的饲料，如胡萝卜、黄玉米、豆类等。发病的猪场，怀孕母猪在临产前半个月给予亚硒酸钠10 mg，混入饲料喂服，产后再给1次。给怀孕母猪配合注射或喂鱼肝油更好。在山区、半山区、沙土地和沼泽地区，应设法由外地调换饲料，搭配饲喂；或在日粮中混入亚硒酸钠5～10 mg饲喂。变质酸败的玉米、豆类等饲料不要喂猪。

二十五、低血糖

仔猪出生后7天内，血糖主要来源于母乳和胚胎期贮存的肝糖元分解。如仔猪吮乳不足，加上出生仔猪活动增加，体内耗糖量增多，血糖急剧下降。当血糖低于50 mg/100 ml时，便会影响仔猪脑组织的机能活动，出现一系列神经症状，严重时死亡。

【临床症状】一般仔猪出生后第2天突然发病，迟的在3～5天才出现症状。仔猪初期精神不振、四肢软弱无力、肌肉震颤、步态不稳、摇摇晃晃，不愿吮乳，离群伏卧或钻入垫草，呈嗜睡状。皮肤发冷苍白，体温低。后期卧地不起，被毛蓬乱无光泽，粪便尿液呈黄色；体表感觉迟钝或消失，用针刺除耳部和蹄部稍有反射外，其他部位无痛感。仔猪多出现神经症状，如痉挛或惊厥，角弓反张或四肢呈游泳样划动，瞳孔散大，流涎，肌肉颤抖，眼球震颤。感觉迟钝或完全丧失，心跳缓慢，体温下降到36～37℃，皮肤厥冷。两眼半闭，瞳孔散大，口流白沫，并发出尖叫声。病猪对外界刺激开始敏感，失去知觉，最终陷于昏迷状态，衰竭死亡。部分仔猪出现腹泻。

【病变】死猪尸僵不全，皮肤干燥无弹性。尸体下侧、腭凹、颈下、胸腹下及后肢有不同程度的水肿，渗出液透明无色；血液凝固不良，稀薄而色淡。胃内无内容物，也未见白色凝乳块。肾脏呈淡土黄色，表面有散在的针尖大小出血点，肾切面髓质暗红色且与皮质界限清楚。肝脏呈橘黄色，表面有小出血点；内叶腹面出现土黄色的坏死灶，边缘锐薄，质地如豆腐，稍碰即破。

【防治】仔猪出现以神经和心脏为主的一系列症状。病初步态不稳，心音频数，呈现阵发性神经症状，发抖、抽动。病后期四肢无力，呈昏睡状态，心跳变弱而慢，体温低，血糖浓度下降到5～50 mg/100 ml(正常值为90 mg/100 ml)。血液的非蛋白氮及尿素氮明显升高。病猪腹腔注射5%～20%葡萄糖注射液10～20 ml，疗效明显。

加强母猪的饲养管理，以便分娩后能为仔猪提供充足的营养，注意初生仔猪的防寒保暖。固定乳头，吃早、吃足初乳。对发病的仔猪要及时进行救治，以补糖为主，辅以可的松制剂，促进糖原异生。

二十六、佝偻病

佝偻病是生长期的仔猪由于缺乏维生素D及钙、磷或饲料中钙、磷比例失调所致的一种骨营养不良性代谢病，特征是生长骨的钙化作用不足，并伴有持久性软骨肥大与骨骺增大。

【临床症状】病仔猪食欲减退，消化不良，出现异嗜癖；发育停滞，消瘦；出牙延迟，齿形不规则，齿质钙化不足；面骨、躯干骨和四肢骨变形，站立困难，四肢呈X形或O形，肋骨与肋软骨接合处呈串珠状，贫血。仔猪腕部弯曲，以腕关节爬行，后肢则以跗关节着地。病期延长则骨骼软化、变形，硬腭肿胀、突出，口腔不能闭合，影响采食、咀嚼。病猪行动迟缓，发育停滞，逐渐消瘦。病猪喜卧，不愿站立和走动，强迫站立时拱背、屈腿，痛苦呻吟。肋骨与肋软骨结合部肿大呈球状，肋骨平直，胸骨突出，长肢骨弯曲，呈弧形或外展呈X形。

【诊断】猪佝偻病多见于幼龄猪，日粮中维生素缺乏或不足，钙、磷比例不当，光照和户外活动不足，生长迟缓、异嗜癖、运动困难以及牙齿和骨骼变化为主要病因，依此可做出诊断。必要时结合血液学检查、X线检查、饲料成分分析等。

【防治】给哺乳母猪补充维生素D，确保冬季猪舍有足够日光照射和摄入暴晒过的青干草。饲料中补加鱼肝油或经紫外线照射过的酵母，饲喂配合饲料，补充骨粉、鱼粉、磷酸钙，以平衡钙、磷比例。注射或口服碳酸钙、磷酸钙、乳酸钙，也可静脉注射10%的葡萄糖酸钙（50～100 mg）。肌内注射维丁胶性钙，配合维生素D疗效较好。

二十七、赤霉菌素中毒

【流行病学】病原为玉米赤霉烯酮，由禾谷镰刀菌、粉红镰刀菌、木贼镰刀菌等产生。

【临床症状】本病以病猪阴户肿胀、流产、乳房肿大、过早发情等雌激素综合征为临床特征。猪中毒时首先表现厌食和呕吐，其次出现阴道黏膜充血、肿胀、出血，外阴部异常肿大，阴户张开，有时排尿困难。母猪乳腺肿大，乳头潮红，哺乳母猪乳汁减少，甚至无乳。严重病例阴道脱出率高达40%，子宫脱出率为5% ~10%。青春前期母猪多呈现发情征兆或周期延长。半数母猪第一次受精不易受胎，即使怀孕，也常发生早产、流产、胎儿吸收、死胎或弱胎等。公猪或去势公猪中毒时呈现雌性化，如乳腺肿大、睾丸萎缩、性欲减退等。

【病变】主要病理变化在生殖器官，如阴唇、乳头肿大，乳腺间质性水肿。阴道黏膜水肿、坏死和上皮脱落。子宫颈上皮细胞增生，出现鳞状细胞变性。子宫壁肌层高度增厚，各层明显水肿和细胞浸润。子宫角增大和子宫内膜发炎。卵巢发育不全，常出现无黄体卵泡，卵母细胞变性，部分卵巢萎缩。公猪睾丸萎缩。

【诊断】根据病原、临床症状、病理变化及饲料中 F-2 毒素检测，进行综合诊断。确诊尚需对饲料样品进行产毒真菌的培养、分离和鉴定以及生物学实验。

【防治】预防本病，要注意饲料防霉以及受潮、发热。饲料储藏期间要勤翻晒、通风，含水量不超过 10% ~13%。

一旦出现中毒症状，立即停喂霉变饲料，改喂多汁青绿饲料。一般在停喂发霉饲料 7 ~15 天后中毒症状可逐渐消失，不需药物治疗。

二十八、铁中毒

本病主要是仔猪补铁制剂右旋糖酐铁或饲料添加剂硫酸亚铁使用过多所致，并不多见。

【临床症状】病猪表现精神沉郁，食欲减少，呕吐，喜欢卧地，不愿走动，有的后躯不能站立；体温 38～40℃，眼结膜轻度黄染，粪便稀软黑色，尿液黄色，呼吸急促，心跳加快。病猪注射铁制剂的部位肿胀、发硬，皮肤变暗红色，触摸无热痛感。

【病变】剖检可见内脏器官出血，注射部位皮下呈浅黄褐色，骨骼肌呈黄白色或灰白色“鱼肉样”病变。心肌片状出血，呈淡黄褐色，心内膜出血。肝脏肿大，表面粗糙，质脆易碎而出血。各器官充血和水肿，肠黏膜有出血点或出血斑；脾脏淤血，肾脏和机体淋巴结呈黑紫色，稍肿大。

【诊断】根据病史、临床症状和病理变化即可做出初步诊断，确诊需进行饲料和血清铁含量测定。

【防治】预防本病的关键是，在饲料中添加铁制剂时要严格执行饲料营养标准，防止过量添加并混合均匀。临床上使用铁制剂时，要严格掌握剂量，尽量采用短程、小剂量治疗。此外，一定要多补充维生素 C。

发病初期催吐、洗胃，阻止胃肠道对铁的进一步吸收。内服催吐剂，或用 1% 碳酸氢钠溶液洗胃，或灌服鸡蛋清、牛奶、植酸等，加速体内铁的排泄和降低血铁含量。选用 EDTA、N-羟基乙二胺三醋酸、N，N-二羟基乙甘氨酸等，这些药物能与铁络合，使铁失去原来的特性，很快从肾脏排泄。注意补液、强心、利尿，调整酸碱平衡，防止休克等。

二十九、猪病流行特点与防控策略

近年来，随着生猪集约化规模化养殖的发展，猪苗、生猪引种及其他产品流通渠道增多，有的猪场污染严重，外购猪源没有严格检疫，致使传染病时常发生。疫情复杂，大都呈混合感染，给猪病准确诊断和防治工作造成极大困难。

（一）猪病流行特点

1. 猪高热病危害严重

确切地讲，猪高热病并不是特指一种具体的疾病，而是多种疾病在发病过程中所表现出的，以发热为主的一类疾病的统称。病猪食欲减退或废绝，体温达41～42℃，皮肤发红，鼻镜干燥，粪便干硬，尿液呈深黄色甚至棕色。关于引起猪高热病的病原一直存在很大的争议，不同地区的病原分离情况不尽相同，甚至差异很大。笔者所在的山东省动物疫病防治与繁育重点实验室从全国地区收集了641例猪高热病病例，采用聚合酶链反应（PCR）、酶联免疫吸附试验（ELISA）、荧光抗体技术（IFA）、病原分离等技术手段进行了鉴定和确诊。

目前猪高热病的病原非常复杂，有的病例是由病毒引起（如猪蓝耳病病毒、猪瘟病毒、猪圆环病毒2型、伪狂犬病毒等），有的病例是由细菌引起（如副猪嗜血杆菌、猪链球菌等），有的病例是由其他因素引起（如附红细胞体）。但是，临床上大部分猪高热病病例是由多种病原混合感染造成的，包括病毒—病毒之间、病毒—细菌之间的二重感染，甚至病毒—病毒—细菌之间的三重感染（表3）。值得注意的是，在统计的猪高热病病例中，猪蓝耳病单纯感染和混合感染的病例占74.5%。建议规模化养猪场在养猪生产中，应该高度重视猪蓝耳病，将猪蓝耳病纳入综合防控猪高热病的系统范畴。

表3　2007～2009年猪高热病病原检测汇总

疾病类别	数量	比例
蓝耳病	232	36.2%
猪瘟	70	10.9%
圆环病毒2型	46	7.2%
蓝耳病+圆环病毒2型	131	20.4%
蓝耳病+副猪嗜血杆菌	47	7.3%
蓝耳病+链球菌病	36	5.6%

（续表）

疾病类别	数量	比例
蓝耳病 + 圆环病毒 Z 型 + 副猪嗜血杆菌	32	5.0%
其他（伪狂犬病、附红细胞体等）	47	7.3%
合计（其中蓝耳病占 74.5%）	641 份病料	100%

2. 猪呼吸道疾病发病率明显上升

通过剖检大量的临床病例，发现大部分发病或死亡病例的肺脏存在不同程度的出血、肉变、坏死、纤维素性渗出等病理变化。猪呼吸道疾病的发病率和死亡率呈明显的上升趋势，表现咳嗽、气喘、打喷嚏、呼吸困难，生长缓慢，饲料报酬率降低等，现在已经成为许多规模化猪场比较棘手的问题之一。对发病猪进行病原学检测发现，副猪嗜血杆菌病、猪传染性胸膜肺炎、猪萎缩性鼻炎、气喘病、猪链球菌病、猪蓝耳病、猪圆环病毒感染、猪流感等都有呼吸道症状。各年龄猪群均有发生，发病率达20% ~ 60% ，死亡率 10% ~20% ，淘汰率达 10% ~30% 。关于猪呼吸道疾病的防治，首先要改善饲养环境，适当减少饲养密度，注意通风换气；根据当地病原的血清型和基因型，选择高效疫苗进行免疫接种，大规模猪场也可考虑制作高效自家疫苗使用；根据猪场及周边地区疫情发展变化，定期在饲料中添加高效药物。推荐配方（每 500 kg 饲料中添加）：土霉素 1 000 g，泰乐菌素 150 g，金霉素 500 g，主要添加于育肥猪饲料中；替米考星150 g，氟苯尼考 200 g，主要添加于保育猪饲料中，对防治副猪嗜血杆菌病有良好效果；支原净 100 g，强力霉素 150 g，对防治气喘病、萎缩性鼻炎、附红细胞体病等有较好疗效。

3. 母猪繁殖障碍问题突出

据统计，目前我国平均每头母猪每年仅能提供 13 ~ 15 头仔猪，而在养猪业比较发达的国家则高达 22 ~ 23 头。排除环境和营养因素外，猪瘟、猪蓝耳病、猪细小病毒病、流行性乙型脑炎、猪伪狂犬病、猪衣原体感染等均可导致母猪繁殖障碍，表现返情、流产、死胎、木乃伊胎等症状。不同病原引起的繁殖障碍略有差异，一般猪蓝耳病主要引起早产，并伴有呼吸道症状；猪伪狂犬病主要导致死胎，新生仔猪伴有神经症状和腹泻症状;猪流行性乙型脑炎可引起死胎,部分仔猪脑腔积水,即所谓的“水脑”;猪细小病毒感染可导致母猪产下木乃伊胎,以头胎母猪最易感;猪瘟可导致母猪在怀孕各个时期产下木乃伊胎,剖检能够发现仔猪的肾脏、膀胱、淋巴结有点状出血。以上临床症状只供参考,确诊还需进行实验室检测。

4. 猪传染性腹泻病时有发生

仔猪黄白痢、仔猪红痢、猪瘟、猪传染性胃肠炎、猪流行性腹泻以及寄生虫病等都能发生腹泻。传染性腹泻病的流行和传播,不仅导致饲料报酬率降低,而且能够引起仔猪脱水死亡,给猪场造成很大经济损失。引起腹泻病的许多病原微生物属于条件性致病原,如大肠杆菌。仔猪体内本身就携带,在正常情况下条件性致病原与动物机体能够达成平衡状态,即机体不能清除携带的病原,而病原也不能使机体发病。当外界环境恶劣,如过冷、过潮、雨水泛滥或动物抵抗力低下时,这些条件性病原就能够引起仔猪发病。针对这种情况,在预防猪传染性腹泻病时要选择安全高效疫苗,如黄白痢疫苗、传染性胃肠炎—流行性腹泻二联疫苗(T—P 二联疫苗)等;采取保温、防潮、消毒、保健等综合性防治措施和生物安全措施,改善饲养环境。当猪群腹泻时,可在饮水中添加口服补液盐和电解多维,维持机体电解质平衡;给仔猪服用高效抗生素和修复肠黏膜的药物(如猪痢王)。

5. 细菌耐药性增强

近年来,猪场普遍都存在盲目用药的现象,导致细菌的耐药性逐年上升。尤其是老养猪场,大肠杆菌、链球菌、副猪嗜血杆菌等细菌耐药现象很普遍,甚至可耐十几种抗菌药物。加上临床上抗生素产品升级换代过于频繁和部分假冒伪劣兽药的存在,造成很多猪场细菌耐药性增强,细菌性疾病发病率和死亡率上升。应根据猪病流行特征、症状、病变及实验室诊断、药敏试验等,有针对性地选用高敏药物,做到科学诊断、合理用药,以提高治愈率。

(二)猪病防控工作的建议

1. 重视猪场消毒和环境绿化工作

在准备购进仔猪前,应先空舍,将猪舍走廊和猪栏清洗干净,再用高效消毒药物(百毒杀、百菌消、BS消毒液等)严格消毒,这是养好仔猪的前提条件和有利保证。另外,建议规模化养猪场在猪舍外的空地和道路两侧多栽种树木,可以吸收猪场的有害气体(如硫化氢、氨气等),净化环境空气,减少呼吸道疾病的发生;在炎热的季节能够遮阴纳凉,对猪舍降温大有益处,发挥"绿色空调"和"天然氧吧"的功效。

2. 贯彻落实"自繁自养"和"全进全出"的制度

猪场尽量不要从市场上收购仔猪饲养,因为收购的仔猪免疫不规范,往往携带病原,成活率不高。猪场进行品种改良时,引种工作一定要谨慎,采取相应的检疫和隔离措施,否则"引种过程可能就是引病的过程"。对外地引入的种猪、仔猪应隔离观察、检疫,未发现疾病才能混群。规模化猪场的产房、保育与育肥三阶段要彻底实行"全进全出"的饲养制度,以防各种病原体在猪群中形成连续感染与交叉感染。每批猪转舍后要彻底清扫干净,高压水冲洗,消毒2~3次,空舍3~5天后再进另一批猪。

3. 建立健全猪场生物安全措施

所谓"生物安全措施",即采取一切必要的措施,包括消毒、检疫、隔离、保健、预防等,防止外源疫病传入猪场,或者最大限度地防止本场发病猪传染给健康猪。搞好猪场环境卫生,对猪粪、尿中的残存的病原体进行无害化处理。日常对猪舍用具及环境定期消毒,发现病猪应立即隔离治疗。

4. 设计合理的免疫程序,定期接种高效疫苗,及时进行免疫检测

应用安全高效疫苗对猪群免疫接种,是控制传染病的主要技术措施之一。根据当地常见猪病的类型及流行特点、母源抗体水平,征求当地兽医及专家的意见,分别对仔猪、后备母猪、母猪、种公猪和育肥猪设计科学合理免疫程序,定期接种高效疫苗,从而使猪群在整个生产期都得到有效免疫保护。选用疫苗时首先应考虑疫苗的质量和效价,从正规途径购进。疫苗必须严格按厂家提出的温度要求保存和运输,保证疫苗从生产厂家到使用接种前冷冻的完整性,确保活性和有效性。一般灭活疫苗要求2~8℃保存,弱毒疫苗(活疫苗)于-20℃保存。接种过程中一定要确保疫苗剂量,选择合适的注射部位和深度,确保免疫效果,并做好免疫记录,包括疫苗的厂家、接种时间、接种部位、接种剂量、疫苗反应等。

现在市场供应的各种猪用疫苗质量良莠不齐,有的运输或保管不当,有的猪群在接种前已感染或潜伏传染性免疫抑制病(如猪蓝耳病或猪圆环病毒病),接种疫苗后应答反应差,均会造成疫苗免疫失败。建议规模化养猪场要定期开展免疫监测工作,即定期采血送到相关科研部门监测免疫抗体,一旦免疫失败或免疫抗体低于临界保护值,要及时补种疫苗,或适当调整猪场的免疫程序。

5.尽早确诊,合理用药

当前许多猪场的疫病往往是混合感染,即由两种或两种以上的病原微生物同时感染或继发感染猪群,造成生猪发病。许多综合症状在临床上非常类似,仅凭肉眼和临床经验不足以确诊。建议猪场尽早采集发病猪的样品,送至相关部门,采用实验室技术对相关疑似疾病进行确诊或排除。在日常饲养管理过程中时尽量少用治疗性抗生素,以减少药物的毒副作用。如果猪场或周边地区有疫情流行时,可以在饲料或饮水中适当添加保健性药物或清热解毒的中草药。混合感染的疫病需要联合用药时,不仅剂量要到位,而且要注意配伍禁忌,以提高疗效,降低死亡率。

第五章　鸡常见病诊疗

一、禽流感

禽流感(AI)是由禽流感病毒(AIV)引起的禽类传染病。高致病性禽流感因其传播快、危害大,被世界动物卫生组织列为A类动物疫病。

【流行病学】AIV属正黏病毒科正黏病毒属。AIV宿主范围广泛,家禽、水禽、野禽、迁徙鸟类和哺乳动物(人、猫、水貂、猪等)等均可感染。本病以直接接触传播为主,被患禽污染的环境、饲料和用具为重要的传染媒介。

【临床症状】高致病性禽流感病毒(HPAIV,如H5N1亚型)感染的鸡群突然发病,迅速死亡。病鸡高度精神沉郁,采食下降,呼吸困难。鸡冠和肉髯水肿、发绀,边缘出现紫黑色坏死斑点。腿部鳞片出血严重。产蛋鸡产蛋率迅速下降,往往由90%下降到20%以下,软壳蛋、薄壳蛋、畸形蛋迅速增多。有些鸡群感染后不表现明显的症状即大批死亡,死亡率可高达90%以上。

低致病性禽流感病毒(LPAIV,如H9N2亚型)感染的鸡群精神沉郁,羽毛蓬乱;采食量减少,饮水增多,不断从口角甩出黏液;鼻腔分泌物增多,流鼻液,鼻窦肿胀;眼结膜充血,流泪。

【病变】急性死亡鸡体况良好。气管充血、出血。口腔内有黏液,嗉囊内有大量酸臭的液体;腺胃乳头出血,腺胃与食道交界处有带状出血。肌胃角质层易剥离,角质层下有出血斑;胰腺出血、坏死;十二指肠及小肠黏膜有片状或条状出血;盲肠扁桃体肿胀、出血;泄殖腔严重出血;肝脏肿大、出血。

产蛋鸡发病前期卵泡充血、出血,有的卵泡变形、破裂,卵黄液流入腹腔,造成卵黄性腹膜炎;输卵管水肿,有白色脓性分泌物或黄白色干酪样物;发病中期卵泡和输卵管萎缩。鸡睾丸出血肿大,两侧大小不一。

【诊断】根据临床症状和病理变化可做出初诊,确诊要做病毒的分离鉴定和血清学试验。病毒分离阳性者再用禽流感定型血清做 HI 试验,以确定病毒的血清亚型。血清学试验包括琼脂扩散试验(AGP)、血凝抑制试验(HI)、神经氨酸酶试验(NIT)。

【防治】免疫接种是有效的预防措施。养禽场必须建立完善的生物安全措施,严防禽流感的传入。一旦高致病性禽流感暴发,应严格采取扑杀措施,封锁疫区,严格消毒。低致病性禽流感可隔离、消毒与治疗相结合。一般用清热解毒、止咳平喘的中药(如大青叶、清瘟散、板蓝根等)和抗病毒药物(如病毒灵、金刚烷胺等)对症治疗。使用抗生素,防止细菌继发感染。

二、新 城 疫

新城疫(ND)是由新城疫病毒(NDV)引起的鸡和火鸡的高度接触性传染病。

【流行病学】NDV 可分为不同基因型,但只有一个血清型。实验室常用血凝试验(HA)和血凝抑制试验(HI)来诊断 ND,监测 NDV 的抗体。

NDV 的宿主范围很广,鸡、火鸡、珍珠鸡及野鸡都有较高的易感性。近年来不断有鸭、鹅感染 NDV 的报道,显示宿主范围可能在扩大。病鸡和隐性感染鸡是主要传染源,可通过呼吸道和直接接触传播。

【临床症状】

1. 最急性新城疫

多见于本病流行初期和雏鸡,个别雏鸡突然发病、死亡,不表现典型症状。

2. 典型新城疫

潜伏期一般为3～5天。病鸡体温高达43～44℃，精神不振，卧地或呆立；食欲减退或废绝，渴欲增加，产蛋鸡产蛋下降或停止。随着病情的发展，病鸡呼吸困难，伸颈张口呼吸，咳嗽，有黏液性鼻漏，口角常流出大量黏液。粪便稀薄，呈黄白色或黄绿色。部分病鸡表现站立不稳、扭颈、转圈、腿翅麻痹等神经症状。

3. 亚急性及慢性新城疫

大多数由急性转变而来，症状相对轻微，表现神经症状的较多，部分病鸡可康复，部分鸡则在10～20天后死亡。

4. 非典型新城疫

多发生于有一定的NDV抗体水平的免疫鸡群。病情比较缓和，发病率和死亡率都不高。临床表现以呼吸道症状为主，口流黏液，排黄绿色稀粪，继而出现歪头、扭脖或呈仰面观星状等神经症状；成鸡产蛋量突然下降5%～12%，畸形蛋增加。临床表现为轻微的呼吸道症状，排黄绿色稀粪。

【病变】

1. 最急性新城疫

一般没有肉眼可见的病变。

2. 急性ND

病变最具特征性，病鸡全身黏膜和浆膜出血，气管黏膜有明显的充血、出血。食道和腺胃交界处常有出血带或出血斑点。腺胃黏膜水肿，乳头有出血点、溃疡和坏死。腺胃与肌胃交界处的黏膜上可见出血和溃疡。整个肠道充血或严重出血，肠道黏膜密布针尖大小的出血点。肠淋巴滤泡肿胀，常突出于黏膜表面。盲肠扁桃体肿大、出血、坏死。直肠和泄殖腔黏膜充血、条状出血。

3. 慢性ND

感染鸡卵巢出血、坏死，有的卵泡破裂，引起卵黄性腹膜炎。心冠脂肪有出血点，喉头和气管黏膜出血，脑膜充血或出血，脑实质没有眼观变化，但病理学上呈明显的非化脓性脑炎变化。

4. 慢性和非典型新城疫

病变轻微，可见小肠黏膜出血，盲肠扁桃体肿大、出血，直肠黏膜条纹状出血，气管有不同程度环状出血等。

【诊断】根据临床症状、流行特点和剖检变化可做出初诊。通过血清学实验检测抗体的均匀度和比较发病前后间隔 10～14 天血清的新城疫抗体效价，以及病毒的分离鉴定和 RT－PCR 方法，进行实验室诊断。

【防治】加强养殖场的隔离消毒和做好鸡群的免疫接种。一旦发生 ND 疫情，对病死鸡深埋，环境消毒，防止疫情扩散。同时对周围鸡群进行紧急疫苗接种。雏鸡可用Ⅳ系克隆 30 疫苗，4 倍量饮水；中雏以上鸡可以肌注Ⅰ系疫苗或Ⅳ系克隆 30 疫苗，4 倍量饮水。

三、传染性法氏囊病

鸡传染性法氏囊病（IBD）是由传染性法氏囊病毒（IBDV）引起的一种急性、接触性、免疫抑制性传染病。IBDV 主要侵害鸡的体液免疫中枢器官——法氏囊，导致鸡体免疫机能障碍，降低疫苗的免疫效果。

【流行病学】IBDV 属于双股 RNA 病毒科、双股 RNA 病毒属。本病毒有Ⅰ型和Ⅱ型，无交叉免疫。血清Ⅰ型又分 6 个亚型，亚型之间的交叉保护率为 10%～70%，这种抗原性的差异是导致免疫失败的原因之一。Ⅱ型病毒无致病性。

本病主要侵害 2～10 周龄的幼龄鸡群。近年来，发病日龄和范围明显扩大，产蛋鸡和 10 日龄内雏鸡也时有发病，鸭、鹅也能感染传染性法氏囊病毒而发病。病鸡是主要的传染源，IBD 可通过直接接触 IBDV 污染物，经消化道传播。发生该病的鸡场常出现新城疫、马立克病等疫苗接种的免疫失败，发病率和死亡率急剧上升。

【临床症状】病鸡精神不振，翅膀下垂，羽毛蓬乱，怕冷，在热源处扎堆，采食下降。病鸡排白色的水样粪便，肛门周围有粪便污染。病初可见到啄肛。急性发病的鸡群，发病后 3～4 天达到死亡高峰，呈峰式死亡。发病 1 周后病死鸡数明显减少，迅速康复。发病后期易继发鸡新城疫、大肠杆菌病等,使死亡率增高。

【病变】病死鸡脱水,胸肌和腿肌有条状或斑状出血。肌胃与腺胃交界处有溃疡和出血斑,肠黏膜出血。肾肿大、出血。输尿管扩胀,充满白色尿酸盐。感染初期,眼观法氏囊充血、肿大,比正常的大 2 ~3 倍,外被黄色透明的胶冻物,内褶肿胀、出血,内有炎性分泌物。急性发病鸡的法氏囊明显水肿、出血,呈紫色。发病后期法氏囊萎缩或囊壁变薄,呈袋状。

【诊断】根据本病的流行病学、病理变化,结合临床症状可做出初诊,确诊应进行病原分离和血清学实验。

【防治】实行"全进全出"的饲养制度,建立严格的卫生消毒措施。根据本病的流行情况、饲养管理状况、疫苗毒株的特点和鸡群母源抗体水平等制订免疫接种程序。

发病鸡群应进行鸡新城疫抗体的检测,必要时紧急接种,以防继发鸡新城疫。在发病早期注射卵黄抗体,中后期不宜注射。保守疗法:提高鸡舍温度 2 ~3℃;避免各种应激反应;使用抗生素,防止继发感染;饲料中蛋白质水平降到 15% ~16% ;供给充足的饮水,并加入电解多维和肾康。

四、马立克病

鸡马立克病(MD)是由马立克病病毒(MDV)引起的一种淋巴组织增生性疾病,特征是病鸡的外周神经、性腺、虹膜、各种脏器、肌肉和皮肤呈单独或多发的单核细胞浸润。MD 是一种淋巴瘤性质的肿瘤疾病,具有很强的传染性。

【流行病学】MDV 属于细胞结合性疱疹病毒 B 群。鸡对本病最易感,特别是 2 周龄内的雏鸡,1 日龄雏鸡比任何日龄鸡的易感性都高。雏鸡感染本病后几个月才表现症状而死亡,故发病年龄为2 ~5月龄。雏鸡感染常形成马立克病变,较大的鸡感染后虽然带毒排毒,但发生肿瘤病变的较少。成年鸡感染后一般不表现临床症状。本病主要通过直接接触或空气传播。传染源为病鸡和带毒鸡,存在于羽髓中的 MDV 传染性最强。MD 的发病率和病死率差异很大,为 10% ~60% 。

【临床症状】

1. 神经型马立克病

主要侵害外周神经(坐骨神经),呈一腿伸向前方,另一腿伸向后方的特征性“劈叉”姿态。当臂神经受侵害时,引起翅膀下垂;当侵害支配颈部肌肉的神经时,病鸡头下垂或头颈歪斜;当迷走神经受侵时,则可引起失声、嗉囊扩张以及呼吸困难;腹神经受侵时,常有腹泻。

2. 眼型马立克病

出现于单眼或双眼,视力减退或消失。虹膜失去正常色素,呈同心环状或斑点状,以至弥漫的灰白色。瞳孔边缘不整齐,严重时瞳孔只剩下一个针头大的小孔。

3. 皮肤型马立克病

往往在宰后拔毛时发现羽毛囊增大,形成淡白色小结节或瘤状物。此种病变常见于颈部和躯干背面生长粗大羽毛的部位。

4. 内脏型马立克病

多急性暴发,常见于幼龄鸡群。开始以大批鸡精神委顿为主要特征,几天后部分病鸡出现共济失调,随后单侧或双侧肢体麻痹。部分病鸡死前无特征临床症状,很多病鸡表现脱水、消瘦和昏迷。

神经型、内脏型、眼型和皮肤型马立克病在临床上多同时发生。

【病变】病鸡最常见的病变在外周神经。受害神经增粗,呈黄白色或灰白色,横纹消失,有时呈水肿样外观。病变往往只侵害单侧神经,诊断时多与另一侧神经比较。内脏器官中以卵巢受害最为常见,其次为肾、脾、肝、心、肺、胰、肠系膜、腺胃、肠道和肌肉等,长出大小不等的肿瘤块,质地坚硬而致密。皮肤病变多是炎症性的,但也有肿瘤性的,病变位于受害羽囊的周围,在真皮的血管周围常有增生细胞、少量浆细胞和组织细胞的团块聚集。

【诊断】根据流行特点和临床症状可做出初步诊断,确诊须进行病毒分离和血清学试验。

【防治】执行全进全出的饲养制度,避免不同日龄鸡混养;实行网上饲养和笼养,减少鸡只与羽毛粪便接触;严格卫生消毒制度;加强检疫,及时淘汰病鸡和阳性鸡。疫苗接种是预防本病的关键。在进行疫苗接种的同时，鸡群要封闭饲养，尤其是育雏期间应搞好封闭隔离，可减少发病率。疫苗接种应在鸡1日龄时进行，有条件的鸡场可进行胚胎免疫，即在18日胚龄时进行鸡胚接种。

五、传染性支气管炎

鸡传染性支气管炎（IB）是一种急性、接触性传染病，可分为呼吸道型、肾型、肠型和肌肉型等，以呼吸道型发病最多。

【流行病学】病原是冠状病毒科冠状病毒属的传染性支气管炎病毒（IBV）。IBV可在9～11日龄鸡胚内、器官培养的鸡胚气管上皮以及鸡胚成纤维上皮细胞中生长，病毒感染鸡胚后引起鸡胚发育迟缓、蜷缩。

本病仅感染鸡，其他家禽不感染。2～6周龄的鸡最易感染肾型IB，成鸡很少感染肾型IB。该病一年四季均可发生，以冬春季节较严重。病鸡是主要的传染源。病毒包含在分泌物和排泄物中排出体外，并能在鸡群中迅速传播。

【临床症状】肉鸡和育成鸡感染IBV后，主要表现为呼吸困难，有啰音或喘鸣音；感染肾型IBV时，病鸡排白色稀粪，脱水严重，死亡率高达30%。种鸡和产蛋鸡感染IBV后，产蛋下降，产软皮蛋、砂壳蛋或畸形蛋，蛋清稀薄如水。

【病变】呼吸型IB主要病理变化为气管环黏膜充血，表面有浆液性或干酪样分泌物，气管下段有黄白色痰状栓子堵塞。肾型IB的病理变化主要集中在肾脏，双肾肿大、苍白，肾小管聚集尿酸盐而使肾脏呈槟榔样花斑；两侧输尿管因沉积尿酸盐而变的明显扩张增粗。产蛋鸡可能发生卵黄性腹膜炎，输卵管变细，输卵管中1/3影响较严重，卵巢变形。

【诊断】根据肾脏病变可对肾型IB做出初步诊断。确诊须采用鸡胚或气管环组织培养进行病毒的分离鉴定，也可采用分子生物学的诊断方法（如RT－PCR、核酸探针等）。

【防治】加强饲养管理，定期消毒，严格防疫，免疫接种。常用疫苗为弱毒活疫苗及灭活疫苗。该病无特异的治疗药物。对于已发病的鸡场要及时隔离，病死鸡进行无害化处理，加强饲养管理和卫生消毒，减少应激因素，增加多种维生素和微量元素等。进行疫苗的紧急接种，可减少IB病鸡的死亡率。对肾型IB，可给予乌洛托品、复合无机盐，或含有柠檬酸盐或碳酸氢盐的复方药物。

六、传染性喉气管炎

鸡传染性喉气管炎(ILT)是由喉气管炎病毒(ILTV)引起一种急性、高度接触性呼吸道传染病。病鸡主要表现呼吸困难、喘气、咳嗽及咳出带血黏液，喉头气管黏膜肿胀、糜烂和出血，蛋鸡产蛋率下降且有较高的死亡率。

【流行病学】ILTV属于疱疹病毒科、α型疱疹病毒亚科，仅一个血清型。ILTV通过鸡胚绒毛尿囊膜接种，可使鸡胚在接种后2～12天死亡，绒毛尿囊膜增生和坏死，形成灰白色的豆斑样病灶。

各年龄和品种的鸡都易感染，尤以4～10月龄的育成鸡和成年产蛋鸡多发。传播途径主要是经呼吸道，病鸡和带毒鸡是主要传染源。一年四季均可发生，但冬春季节最易发病。自然感染潜伏期6～12天。严重流行时，发病率达90%～100%，平均死亡率10%～20%，耐过鸡具有长期的免疫力。本病在同群鸡传播速度快，群间传播速度较慢。ILTV主要通过接触感染方式，经呼吸道和眼睛侵入鸡体。

【临床症状】

1.最急性型

发病突然，传播迅速，发病率高，死亡率超过50%。特征性临床症状包括呼吸困难，伸颈呼吸，病鸡常因试图咳出气管中的阻塞物而发出“咯咯”声或咳嗽声。在鸡舍墙壁、地面可发现咳出的血迹。病鸡排黄绿色粪便。

2.亚急性型

病鸡发病较慢，呼吸道症状出现数天后才死亡。发病率高，但病死率较急性型低。

3. 慢性型

鸡群感染率仅有1% ~2%，但大部分的感染鸡最终会因窒息而死。慢性型ILT一次暴发可延续数月，病鸡可无规律陆续死亡。临床症状包括因咳嗽和口鼻分泌物阻塞而引起的痉挛，产蛋下降和体质虚弱。

【病变】

1. 最急性型

特征性病变主要集中在上呼吸道、喉头，气管黏膜严重出血，内有血凝块；肺严重出血；卵黄高度充血。

2. 亚急性型

病变较轻，气管中有黏液性渗出物，在喉和气管上部黏膜上附着黄色干酪白喉样假膜。

3. 慢性型

病鸡的气管、喉头和口腔内有白喉样的坏死斑或干酪样阻塞物。

【诊断】在急性病例中，根据病史、临床症状和即可做出初步诊断。温和型病例很难与其他轻度的呼吸道疾病相区别。实验室诊断需要证实病毒、病毒抗原或特异性抗体的存在。

【防治】从未发生本病的鸡场不宜接种疫苗，主要依靠平时搞好鸡场的卫生消毒工作。在ILT流行地区可进行疫苗接种。目前对该病尚无有效药物，用氢化可的松和抗生素制成喷剂对病鸡口腔喷雾，可缓解症状。鸡舍每天需彻底消毒并使用抗菌药物，以防细菌继发感染。

七、禽白血病

禽白血病是由禽C型反录病毒群的病毒引起的，禽类多种肿瘤性疾病的统称，主要是淋巴细胞性白血病，其次是成红细胞性白血病、成髓细胞性白血病。此外，还可引起骨髓细胞瘤、结缔组织瘤、上皮肿瘤、内皮肿瘤等。目前该病在世界各国均有发生。

【流行病学】在自然情况下只有鸡能感染本病，不同品种或品系鸡对病毒感染和肿瘤发生的抵抗力差异很大。母鸡的易感性比公鸡高，18周龄以上的鸡多发，常呈慢性经过，死亡率为5% ~6%。传染源是病鸡和带毒鸡。有病毒血症的母鸡，整个生殖系统都有病毒繁殖，产出的鸡蛋常带毒，孵出的雏鸡也带毒，成为重要传染源。在自然条件下，本病主要是垂直传播，也可水平传播。感染了白血病病毒的鸡，不管是否有症状出现，都能从粪便或唾液中不断排出大量病毒。

【临床症状和病变】

1. 淋巴细胞性白血病

此型是最常见的一种病型。一般在14周龄以后开始发病，在性成熟期发病率最高。病鸡精神委顿，进行性消瘦和贫血，鸡冠、肉髯苍白、皱缩，偶见发绀。病鸡食欲减少或废绝，腹泻，产蛋停止。病鸡腹部常明显膨大，用手按压可摸到肿大的肝脏，最后衰竭死亡。

剖检，可见肿瘤主要发生于肝、脾、肾、法氏囊，也可侵害心肌、性腺、骨髓、肠系膜和肺。肿瘤呈结节形或弥漫性，灰白色到淡黄白色，大小不一，切面均匀一致，很少有坏死灶。

2. 红细胞性白血病

此型临床比较少见，通常发生于6周龄以上的高产鸡。临床上分为增生型和贫血型，增生型较常见。

3. 髓细胞性白血病

此型临床少见，表现为嗜睡，贫血，消瘦，毛囊出血。病程比成红细胞性白血病长。剖检时见骨髓坚实，红灰色至灰色。内脏有时也有灰色弥漫性肿瘤结节。

4. J－亚型白血病

感染的种鸡均匀度不整齐，鸡冠苍白，羽毛异常。感染后可导致种公鸡的受精率降低，种母鸡的产蛋下降，死亡率明显增高。

剖检，可见肝脏、脾、肾和其他器官均有肿瘤发生。在肋骨与肋软骨结合处，胸骨内侧、骨盆、下颌骨、颅骨、腿部等处有肿瘤形成。

【诊断】鸡白血病病毒感染非常普遍，单纯的病原和抗体的检测没有实际的诊断价值。实际诊断中常根据血液学检查和病理学特征，结合病原和抗体的检查来确诊。病原分离和抗体检测是建立无白血病鸡群的重要手段。

【防治】本病主要为垂直传播，尚无行之有效的治疗措施。减少种鸡群的感染率和建立无白血病的种鸡群是控制本病的最有效措施。

八、禽脑脊髓炎

禽脑脊髓炎(AE)，又称流行性震颤，是由病毒引起，以主要侵害幼禽中枢神经系统为特征的急性、高度接触性传染病。典型症状是共济失调、站立不稳和头颈震颤，病理变化为非化脓性脑脊髓炎。成年鸡感染后出现一过性产蛋下降，孵化率降低，并通过种蛋垂直传播，危害极大。

【流行病学】禽脑脊髓炎病毒(AEV)为 RNA 病毒，属于微 RNA 病毒科肠道病毒属，有一个血清型，但不同毒株的致病性和组织嗜性有差异。嗜肠型的 AEV 以自然野毒为代表，易通过口服途径感染，并在粪便中传播。病毒通过垂直传播或出壳后早期水平传播，雏鸡易发病，一般表现为神经症状。脑内接种 SPF 雏鸡，也能产生神经症状。高度嗜神经型的 AEV 以标准株 Van Roekel(简称 VR 株)为代表，病毒经脑内接种或经非肠胃途径(如皮下、肌内注射)引起严重的神经症状，口服一般不感染。

自然感染见于鸡、雉、火鸡、鹌鹑等。各日龄禽均可感染，3 周龄以内的雏禽多发，一般雏禽感染才有明显的临床症状。本病可水平传播和垂直传播。病鸡从粪便中排毒，持续 5 ~ 12 天，AIV 在粪便中可存活 4 周以上。污染的垫料和设备等都是病毒来源。垂直传播是本病的主要传播方式。产蛋母鸡感染 AEV 后，常通过血液循环将病毒排入蛋内，近 20 天所产的种蛋均带毒。出壳的雏鸡会出现典型的 AE 临床症状，因此，此期种蛋应禁用。一般 2 周龄以内的鸡发病，多与垂直传播有关；2 周龄以上鸡感染，多与水平传播有关。本病流行无明显的季节性差异。发病率、死亡率与家禽的易感性、病毒毒力和鸡群日龄有关。雏鸡发病率一般为 40% ~60% ，死亡率10% ~25% 。

【临床症状】雏鸡最初表现两眼呆滞，精神沉郁，行动迟缓，站立不稳。随后病雏开始出现共济失调，头颈震颤，不愿活动，常以跗关节和胫部着地行走。当病鸡完全麻痹后，常因无法饮食及相互踩踏而死亡。病愈鸡常发育不良，并易继发新城疫、大肠杆菌等。成年鸡感染该病毒时，不出现雏鸡的症状，只有产蛋减少及羽毛松乱等表现。

【病变】本病无特征性剖检病变，个别病雏可见到脑部的轻度充血，少数病鸡的肌胃肌层出现散在灰白区，严重病死雏常见肝脏脂肪变性、脾脏肿大。

【诊断】根据本病的流行规律和特点，结合临床症状和特征性病变即可做出诊断。确诊应进行病原分离和血清学检测。

【防治】本病应采取预防为主的综合性防治措施。不从疫区或疫场引进种雏或种蛋，杜绝外来的病源进入。慎用弱毒苗免疫接种，以免向外界散毒。由于该病可垂直传播，故要了解引进鸡群父母代的情况。做好防疫工作，防止雏鸡发病。AE 尚无有效药物，病鸡应立即淘汰。

九、病毒性关节炎

禽病毒性关节炎（AVA）是由呼肠孤病毒引起的一种传染性疾病。本病主要危害肉种鸡，通常发生关节炎、腱鞘炎及腓肠肌腱断裂等，生长停滞、淘汰率增高，造成严重的经济损失。

【流行病学】禽呼肠孤病毒（REOV）仅对鸡和火鸡致病，肉鸡比蛋鸡易感。该病与鸡的日龄有着密切关系，日龄愈小易感性愈高，1 日龄雏鸡最易感，10 周龄明显降低。本病病毒可水平传播和垂直传播，水平传播为主要方式。由于病毒在鸡体内可持续存在 289 天，因此，带毒鸡是传染的主要来源。传播的速度与饲养方式和毒株有关，在平面饲养的肉鸡群中水平传播迅速，在笼养的蛋鸡群中传播速度慢。本病感染率可高达 100%，但病死率一般不超过 6%。若与葡萄球菌、大肠杆菌等混合感染，则死亡率高。

【临床症状】发病初期通常仅有轻微的呼吸道症状。急性发病鸡群（多见于败血型），病初活力减退，不愿走动，全身发绀和脱水。随后出现跛行，跗关节及其上方的腱鞘有不同程度的肿胀。随着病情的发展，病鸡蹲坐在地，几乎不能行动。发病 10 天后开始有病鸡死亡，大多数病鸡转为慢性。慢性发病鸡群主要表现为腱鞘炎，跛行更加明显。在发生关节炎的同时，常见有部分鸡表现发育不良综合征。蛋鸡发生本病时，关节疾病并不显著，但产蛋量会下降10%～15%。种公鸡受精率下降。此外，该病毒还可引起吸收不良综合征、心包炎、心包积水、肠炎、肝炎、免疫抑制病和某些呼吸道疫病等。

【病变】主要病变在胫跖关节（跗关节）、趾关节、趾屈肌腱及跖伸肌腱。急性病例，表现为关节囊及腱鞘水肿、充血或点状出血，关节腔内含有少量较透明淡黄色或带血色的渗出物。少数病例有脓性分泌物存在。慢性病例关节腔内的渗出物较少，表现为关节硬固变形，关节软骨糜烂，滑膜出血。严重病例可见肌腱断裂、出血和坏死等。此外，还可见心外膜炎，雏鸡可见肝和心有小坏死灶。一些患吸收不良综合征的鸡群可见腺胃肿大，腺胃乳头水肿，胸腺和法氏囊萎缩。

【诊断】根据临床症状可做出初步诊断，确诊须进行病毒分离和血清学检测。

【防治】对商品鸡采取“全进全出”的饲养方式，每批鸡出售后要彻底消毒鸡舍，严禁从有本病的鸡场引入鸡苗和种蛋。对患病的种鸡要坚决淘汰，防止疫病经种蛋垂直传播。预防接种是目前防治鸡病毒性关节炎的最有效方法。开产前母鸡最好选用灭活苗进行免疫，通过母源抗体的被动免疫来保护雏鸡。

十、鸡传染性贫血病

鸡传染性贫血病（CIA）是由鸡贫血病毒（CAV）引起的再生障碍性贫血和全身淋巴组织萎缩性免疫缺陷病。CIA可通过垂直与水平感染引起临床与亚临床症状，对MDV、网状内皮病毒、腺病毒、IBDV、NDV等的易感性增强，甚至导致疫苗免疫失败，造成巨大的经济损失。

【流行病学】CAV只能使鸡发病，感染率为20%～60%，各年龄鸡都可感染，肉鸡比蛋鸡易感，公鸡比母鸡易感。对本病毒的易感性随日龄的增长而急剧下降，1～7日龄雏鸡最易感，而有完全免疫力的2～3周龄雏鸡易感性迅速降低,6 周龄以上多为亚临床感染。一旦鸡群中感染了 CAV,则很难净化。垂直传播是 CIA 的主要传播方式。本病还可通过水平传播,一般只产生抗体反应,不引起临床症状而呈亚临床病型。但是,鸡体的细胞免疫抑制状态可持续很长时间,加剧可能存在的所感染疾病症状,也可能引发机会性病原感染。该病死亡率在5% ~10% 。

【临床症状】自然感染的病例以贫血及皮肤局灶性淤血为主要特征。病鸡精神沉郁、食欲减退,发育受阻,冠和髯苍白,羽毛蓬乱。感染鸡常见皮肤或皮下点状出血,翼部、头部、臀部、腹部有灶状淤血和出血。病变部皮肤变蓝和破溃,流出血样渗出物,易继发细菌感染,导致坏疽性皮炎。成年鸡感染本病无明显的临床症状,产蛋率或受精率也不受影响,但是会带毒并传给下一代。

【病变】特征性病变为胸腺、骨髓萎缩,肌肉与内脏器官贫血、苍白。胸腺体积缩小,呈深红褐色,随着年龄的增加,胸腺萎缩比骨髓的病变更易观察到。法氏囊体积缩小,显著萎缩。股骨的骨髓萎缩、脂肪化,呈淡黄红色或粉红色。除此以外,全身各处肌肉及内脏器官贫血、苍白,如肝脏肿大、褪色,脾脏萎缩,心脏扩张,心肌柔软,腺胃黏膜皮下及肌肉出血。

【病变】病变主要表现为再生障碍性贫血和全身淋巴组织的萎缩。骨髓的萎缩和发育不全涉及所有的骨髓和造血细胞系,骨髓密度明显变小,各造血细胞多被脂肪细胞和增生的基质细胞所取代。

【诊断】根据病鸡的临床症状和病理变化可做出初步诊断,确诊必须进行病毒分离及血清学检测。

【防治】免疫接种是主要预防措施,一般只对种鸡进行免疫,以控制 CAV 的垂直传播。CAV 鸡胚活疫苗,13 ~ 15 周龄种鸡饮水,防止病毒经蛋垂直传染,免疫有效期可达 60 ~65 周龄。该疫苗不可在开产前 4 周内接种,否则 CAV 会经卵传播。CAV 细胞活疫苗,种鸡肌肉或皮下注射。迄今为止,尚未分离到非致病性 CAV,所用的活疫苗株为非致弱的 CAV 强毒株,免疫后可引起持续感染和蛋源传播,还有毒力增强的危险,因此,活疫苗的使用受到严格控制。

十一、禽 痘

禽痘(FP)是由禽痘病毒(FPV)引起的一种缓慢扩散、接触性传染病。临床症状是在无毛或少毛的皮肤上有痘疹,口腔、咽喉部黏膜的纤维素性坏死性假膜增生或形成白色结节。

【流行病学】禽痘病毒为痘病毒科禽痘病毒属,呈砖形,有囊膜。禽痘病毒大量存在于病禽的皮肤和黏膜病灶中。病毒对外界自然因素抵抗力相当强。

本病主要发生于鸡和火鸡,鸽有时也发生,鸭、鹅的易感性低。各年龄、性别和品种鸡都能感染,雏鸡和中雏易发病,雏鸡死亡多。本病一年四季中都能发生。一般秋季和冬初皮肤型禽痘多发,冬季以黏膜型(白喉型)禽痘多发。病鸡脱落和破散的痘痂,是散布病毒的主要形式。蚊虫叮咬在传播本病中起着重要的作用。带毒的蚊虫是夏秋季节流行禽痘的主要传播途径。

【临床症状和病变】

1. 皮肤型

特征是在鸡体无毛或毛稀少的部分,特别是在鸡冠、肉髯、眼睑和喙角处产生灰白色小结节,渐次成为带红色的小丘疹,很快增大为绿豆大痘疹,呈黄色或灰黄色。有时与邻近的痘疹互相融合,形成干燥、粗糙、棕褐色大疣状结节,突出于皮肤表面。痂皮可以存留 3~4 周之久,脱落后留下灰白色疤痕。

2. 黏膜型(白喉型)

在口腔、咽喉和眼等处黏膜表面出现痘斑。初为鼻炎症状,2~3 天后先在黏膜上生成一种黄白色的小结节,稍突出于黏膜表面。以后小结节逐渐增大并互相融合,形成一层黄白色干酪样假膜,覆盖在黏膜上面。假膜逐渐扩大和增厚,阻塞在口腔和咽喉部位,严重时导致呼吸和吞咽障碍。

3. 混合型

具有皮肤型和黏膜型的共同症状，病情严重、死亡率高。自然感染康复鸡有坚强免疫力，可产生终生免疫。

皮肤型禽痘的特征性病变是局灶性表皮和下层毛囊上皮增生，形成结节。黏膜型禽痘病变出现在口腔、鼻、咽、喉、眼或气管黏膜上。黏膜表面稍微隆起白色结节，迅速增大，并常融合成黄色、奶酪样坏死的假白喉或白喉样膜，将其剥去可见出血糜烂。炎症蔓延可引起眶下窦肿胀和食管发炎。

【诊断】根据临床症状可做出初步诊断。病料通过绒毛尿囊膜接种鸡胚后，5～7 天后在绒毛尿囊膜上出现痘斑，即可确诊。

【防治】蛋鸡和种鸡可于 3 周龄和 15 周龄各接种一次弱毒禽痘疫苗。同时要加强兽医卫生，消灭蚊子，减少创伤感染。发生禽痘时主要采用对症疗法，大群鸡用广谱抗生素拌料或饮水 5～7 天。

十二、鸡包涵体肝炎

鸡包涵体肝炎（IBH）是由禽腺病毒（FAV）感染所引起的急性高度致死性传染病。以病鸡突然死亡增多，严重贫血，黄疸，肝脏肿大、出血和坏死灶为主要特征。

【流行病学】蛋鸡发病较少，6～26 日龄肉鸡多发病，发病率为25%～100%，死亡率可达 30%～40%。本病可垂直传播和水平传播，以春、秋两季多发。

【临床症状】生长鸡群中发病迅速，常突然出现死鸡。病鸡发热、精神委顿、食欲减少、下痢、嗜睡、羽毛蓬乱、屈腿蹲立。4～10 周龄青年鸡双脚麻痹，临死前会出现角弓反张等神经症状。

【病变】特征性病变是肝肿大，呈黄色脂变，有出血斑；皮肤苍白或黄染，有出血点。特别是腿部和胸部，内部出血常见于骨骼肌和浆膜下组织。肾常肿大、苍白，皮质可见出血。骨髓苍白发黄，血液稀薄水样。法氏囊和脾脏变小，心包积水。发病早期在实质细胞可见核内包涵体。

【诊断】幼鸡群病死率突然增加且发病率并不很高时，应怀疑本病。如从显微镜中发现肝典型病变和核内包涵体，接种鸡胚可以引起肝脏典型肿胀和坏死，即可确诊；或用 PCR 扩增特异目的片段的方法来诊断。本病须与鸡传染性贫血和中毒物质引起的再生障碍性贫血相鉴别。

【防治】迄今本病尚无有效的疫苗，也无特效治疗药物，加强饲养管理可减少病死率。发病后，主要是采取隔离措施，加强鸡舍外界消毒和带鸡消毒，饮水或者饲料中可以添加一些保肝护肾的中药。

十三、禽大肠杆菌病

本病是由大肠杆菌埃希菌属某些致病性血清型菌株引起的多种疾病的总称。本病表现多样，包括大肠杆菌性肉芽肿、腹膜炎、输卵管炎、脐炎、滑膜炎、气囊炎、全眼炎、卵黄性腹膜炎等，是目前危害养禽业的主要细菌性传染病。

【流行病学】鸡、鸭、火鸡等对本病易感，3～6 周龄雏鸡易感性较高。该病可垂直传播和水平传播，主要发生于集约化养禽场。饲养管理不当和各种应激因素，均可促发本病。

【临床症状和病变】

1. 脐炎

感染大肠杆菌的种蛋孵化，有的鸡胚在孵化后期出壳之前已死亡，孵化出的雏鸡往往表现为脐炎。病雏虚弱，打堆，水样腹泻，腹部膨大，脐孔及其周围皮肤发红、水肿，脐孔闭合不全，呈蓝黑色，有刺激性恶臭味，死亡率达 10% 以上。病理变化可见卵黄吸收不全，卵囊出血、充血，囊内卵黄液黏稠或稀薄，多呈黄绿色。肠道呈卡他性炎症。

2. 败血症

3～7 周龄肉鸡多发，死亡率为 1%～10%，出现继发或并发感染时死亡率较高。3 周龄以下雏鸡多为急性经过，病鸡离群呆立或挤堆，羽毛无光泽，排黄白色稀粪，肛门污秽，病程 1～3天。4 周龄以上病鸡的病程较长。病鸡食欲下降，鼻分泌物增多，呼吸时发出“咕咕”声或张口呼吸，结膜发炎，鸡冠暗紫。

3. 气囊炎

病菌经消化道进入气囊，引起急性气囊炎。一般有明显的呼吸音，咳嗽和呼吸困难并发出异常音。地方流行性，病死率5% ~30%，严重的可达50%。病理变化为胸、腹等气囊壁增厚，不透明、灰黄色。囊腔内有纤维性或干酪样渗出物。

4. 大肠杆菌性肉芽肿

这是常见的一种病型，病禽外表无可见的症状，内脏器官上产生典型的肉芽肿。

5. 心包炎

大肠杆菌发生败血症时常有心包炎。心包炎常伴发心肌炎，心包膜肥厚、混浊，心外膜水肿，心包囊内充满淡黄色纤维素性渗出物，严重的心包膜与心肌粘连。

6. 卵黄性腹膜炎

病程呈慢性经过，常伴发卵巢炎、子宫炎。母鸡减产或停产，腹部下垂，不愿走动，消瘦死亡。

7. 肝周炎

肝脏肿大，附着一层黄白色的纤维蛋白，质地变硬，表面有许多坏死点。严重者肝脏渗出的纤维蛋白与胸壁、心脏和胃肠道粘连，或导致肉鸡腹水症。

8. 关节炎及滑膜炎

病鸡跛行或卧地不起，腱鞘或关节肿胀。关节腔内有混浊或纤维素性的关节液。

9. 全眼球炎

鸡舍内空气污浊时多发，病鸡眼炎多为一侧性，病初减食或废食，羞明、流泪、红眼，随后眼睑肿胀突起。眼前房有黏液性脓性或干酪样分泌物。严重的病鸡角膜穿孔、失明，经7 ~10天衰竭死亡。

10. 脑炎

病鸡表现昏睡，斜颈，歪头转圈，共济失调，抽搐，伸脖，张口呼吸，采食减少，拉稀，生长受阻，产蛋率显著下降。主要病变是脑膜充血、出血，脑脊髓液增加。

11. 肿头综合征

病鸡眼周围、头部、颌下、肉垂及颈部上 2/3 水肿。病鸡喷嚏并发出“咯咯”声。剖检可见头部、眼部、下颌及颈部皮下黄色胶冻样渗出物。

【诊断】本病病型多，没有特征性的临床症状和病理变化，容易与其他疾病相混淆。根据流行特点、临床症状及病理变化仅能做出初步诊断，确诊须进行细菌的分离鉴定。

【防治】重点搞好孵化卫生，防止从种蛋垂直传播本病。疫苗接种预防效果较好。采用本地区发病鸡群的多个菌株或本场分离菌株制成的疫苗，使用效果较好。最好先分离大肠杆菌进行药敏试验，再确定治疗用药。

十四、鸡慢性呼吸道病

鸡慢性呼吸道病（CRD）是由鸡毒支原体感染引起的一种慢性接触性呼吸道传染病。特征是病程长，病理变化发展慢，临床表现为呼吸啰音、咳嗽、流鼻液及气囊炎等，是目前养鸡业中的一种常见病。

【流行病学】鸡毒支原体只有一个血清型，但各分离株之间的致病性和抗原性存在差异。

各年龄的鸡和火鸡都能感染本病。鸡以 4 ~ 8 周龄最易感，火鸡以 5 ~ 16 周龄易感，成年鸡常为隐性感染。CRD 可水平传播和垂直传播。本病一年四季都可发生，但在寒冷季节多发。

【临床症状】人工感染本病的潜伏期为 4 ~ 21 天，自然感染可能更长。病鸡食欲降低，流稀薄或黏稠鼻液，咳嗽，打喷嚏，流泪，眼睑肿胀，呼吸困难和气管啰音。随着病情的发展，病鸡可出现一侧或双侧眼睛失明。母鸡常产出软壳蛋，产蛋率和孵化率下降。火鸡的症状与鸡相似。

【病变】病死鸡消瘦，病变主要表现为鼻道、副鼻道、气管、支气管和气囊的卡他性炎症，鼻黏膜充血、水肿、增厚，鼻旁窦内有黏液性、脓性、干酪样渗出物，气囊壁增厚、混浊，有干酪样渗出物或增生的结节状病灶。

严重病例可见纤维素性肝周炎和心包炎。患角膜、结膜炎的鸡眼睑水肿，可造成一侧或两侧眼球破坏。

【诊断】根据本病的流行特点、临床表现和病理变化可做出初步诊断。确诊须进行病原分离培养和血清学检测。

【防治】引进种鸡、种苗和种蛋都必须选择确实无本病的禽场并检验。要加强饲养管理，保证日粮营养均衡；禽群饲养密度适当，防止过度拥挤；保持禽舍卫生清洁，通风良好，空气清新；保持禽舍适度干燥，防止阴冷潮湿；定期驱除寄生虫。2~4月龄幼禽，定期采用平板凝集反应检测，淘汰阳性反应禽，以有效去除污染源；或在留种蛋前全部进行血清学检查一次，必须是无阳性反应者才能用做种禽。

疫苗有弱毒活疫苗和灭活疫苗两种。弱毒活疫苗，目前国际上和国内使用的活疫苗是F株疫苗。灭活疫苗基本都是油佐剂灭活疫苗，效果较好。链霉素、土霉素、四环素、红霉素、泰乐菌素、壮观霉素、林可霉素、氟哌酸、环丙沙星、恩诺沙星等，对本病都有一定疗效。

十五、鸡沙门菌病

沙门菌是一类肠道杆菌，包括2 000多个血清型，一部分可以导致人和动物的感染，造成局部和系统性疾病，统称为沙门菌感染或沙门菌病。禽沙门菌感染可分为宿主特异型和宿主非特异型。宿主特异型由该属细菌中的鸡伤寒沙门菌和鸡白痢沙门菌引起，分别称作鸡白痢和鸡伤寒。鸡伤寒主要由具有广泛宿主的鼠伤寒沙门菌、肠炎沙门菌等引起，通过食物链传播，造成人的肠炎、食物中毒，甚至暴发流行。

（一）鸡白痢

鸡白痢（PD）是由鸡白痢沙门菌引起的常见传染病，雏鸡表现为急性败血病，发病率、死亡率都很高。成年鸡多呈慢性或隐性感染。

【流行病学】本病是典型的经蛋传播疾病，垂直传播最为常见。啄癖恶习、污染的饲料及饮水、交配等，也可传播本病。病鸡和带菌鸡是主要传染源。

【临床症状】

1. 雏鸡

潜伏期为4~5天，雏鸡在5~6日龄时开始发病，2~3周龄是发病和死亡的高峰。病鸡突出的表现是排出灰白色稀便，肛门被干燥粪便糊住。病雏排便困难，可见努责，常听到痛苦的尖叫声。病雏消瘦，脐孔愈合不良，周围皮肤易发生溃烂。腹部膨大，触诊时可发现腹腔中有未吸收的卵黄。有时可见病鸡膝关节发炎肿大，跛行或伏地不动。病雏鸡生长发育受阻，长成后有较高的带菌率。

2. 育成鸡

白痢多发生于40~80日龄，地面平养的鸡群较网上和育雏笼育成的鸡多发病。鸡突然发病，精神、食欲差，有下痢，常突然死亡，死亡没有高峰期。病程可拖延20~30天，死亡率可达10%~20%。

3. 成年鸡

不表现明显症状，呈慢性传播。通常可观察到不同程度的产蛋率、受精率和孵化率下降。有的鸡的鸡冠萎缩，时有下痢。

【病变】病死鸡脱水，脚趾干枯。肝肿大，呈土黄色，肝实质可见灰色坏死点，有时有条纹状出血。胆囊扩张，充满暗紫色的胆汁。如为败血症死亡时，其他内脏器官也充血。卵黄吸收不良，呈黄绿色，内容物稀薄。严重者卵黄囊破裂，卵黄散落在腹腔中形成卵黄性腹膜炎。数日龄幼雏可能有出血性肺炎变化，病程稍长者可见肺脏有黄白色坏死灶或灰白色结节；心包增厚，心脏上可见坏死或结节，略突出于表面；肝肿大脆弱；肠道呈卡他性炎症，盲肠膨大，内有白色干酪样物质。日龄较大的病雏，可见到肝脏有灰黄色结节或灰色肝变区，心肌上的结节增大而使心脏变形。肾脏肿大、淤血，输尿管中有尿酸盐沉积。

育成病死鸡突出的变化是肝脏肿大，较正常的肝脏大数倍。打开腹腔，整个腹腔被肝脏覆盖。肝脏质地极脆，一触即破。被膜下可看到散在或较密集的出血点、坏死点。有的见到血块覆盖在肝脏被膜下，有的则见整个腹腔充盈血水，脾脏肿大，心包增厚，心包膜呈黄色不透明。心肌可见有黄色坏死灶，严重的心脏变形、变圆。整个心脏几乎被坏死组织代替。肠道呈卡他性炎症。

成年鸡常为慢性带菌，主要病变在卵巢，卵巢皱缩不整、尚未发育或略有发育，输卵管细小。卵泡变形变色，为三角形、梨形、不规则形等，呈黄绿色、灰色、黄灰色、灰黑色等。由于卵巢和输卵管功能失调，可造成输卵管阻塞或卵泡落入腹腔形成包囊，卵泡破裂形成卵黄性腹膜炎，与腹腔脏器粘连。亚急性感染鸡消瘦，心脏肿大变形，见有灰白色结节；肝肿大，呈黄绿色，表面附着纤维素性渗出物；脾易碎，内部有病死灶；肾肿大，呈实质变性。

成年公鸡病变通常局限于睾丸和输精管，睾丸极度萎缩，白膜增厚和输精管完全闭塞，睾丸实质小点坏死。有时胸骨区和足部皮下脓肿，甲状腺肿大。

【防治】

1. 检疫净化鸡群

鸡白痢沙门菌主要通过种蛋传播，因此，通过血清学试验检出阳性反应种鸡，淘汰。首次检查在60～70日龄，第二次检查可在16周龄，青年鸡在5月龄移入产蛋鸡舍时和收种蛋前再次进行白痢检疫，阳性鸡全部淘汰。

2. 严格消毒

孵化场要对种蛋、孵化器和其他用具严格消毒。种蛋最好在产蛋后2小时熏蒸消毒，防止蛋壳表面的细菌侵入蛋内。雏鸡出壳后再进行一次低浓度的甲醛熏蒸。育雏舍、育成舍和蛋鸡舍做好地面、用具、饲槽、笼具、饮水器等的清洁消毒，定期进行带鸡消毒。做好灭鼠、灭蝇工作，防止野鸟和其他动物进入鸡舍，人员进出要严格消毒。

3. 加强雏鸡的饲养管理

采取高温育雏，延长脱温的时间，以促进卵黄的吸收和脐孔的愈合。

4. 药物治疗

用呋喃类、磺胺类及其他抗生素治疗急性病例，可以减少雏鸡的死亡，但痊愈后仍然可能带菌。使用时要注意交替用药，以免形成耐药性。

（二）鸡伤寒

鸡伤寒病是由禽伤寒沙门菌引起的主要发生于鸡消化道的传染病。本病主要感染鸡，也可感染火鸡、鸭、鹌鹑等。4月龄以下的鸡较成年鸡易感性更高。本病的流行特点、临床症状、病理变化以及防治措施与鸡白痢基本相同。

（三）禽副伤寒

本病是由多种病原型沙门菌引起，以鼠伤寒沙门菌最常见，其次为德尔俾沙门菌、海德堡沙门菌、纽波特沙门菌和鸭沙门菌，可感染各种动物和人。因此，除给养禽业造成直接经济损失外，在公共卫生方面还有特别意义。为了防止本病从畜禽传染给人，病畜禽应严格执行无害化处理。加强屠宰检验，特别是急宰病畜禽的检验和处理。肉类一定要充分煮熟，家庭和食堂保存的食物注意防止鼠类窃食，以免排泄物污染。

十六、鸡传染性鼻炎

鸡传染性鼻炎是由鸡副嗜血杆菌引起的急性或亚急性上呼吸道传染病。该病可使育成鸡生长受阻，肉鸡的肉质变劣、淘汰率增加，公鸡的睾丸萎缩、精质变坏、受精率降低，给养禽业造成了很大的经济损失。

【流行病学】在自然条件下，该病可感染鸡、火鸡、雉、珠鸡等，不感染鸭、鹅、鸽等。各年龄鸡均可发病，育成鸡和产蛋鸡群多发，雏鸡很少发病。该病一年四季均可发生，但以秋冬、初春时节多发。气温突然变化，鸡舍通风不良，卫生条件差，鸡群过分拥挤，饲料中维生素缺乏，严重的寄生虫和支原体感染，都是该病的主要诱因。该病主要由病鸡的呼吸道和消化道排泄物传播，不经蛋传播。病鸡和隐性带菌鸡是主要传染源。

【临床症状】病初仅见病鸡鼻孔中有稀薄如水样鼻液，打喷嚏。鼻腔内流出浆液性或黏液状分泌物，逐渐变浓稠并有臭味，黏液干燥后于鼻孔周围凝结成淡黄色结痂。

病鸡常摇头，打喷嚏，呼吸困难。病鸡面部发炎，一侧或两侧眼周围组织肿胀，严重者失明。严重者气管及支气管和肺部有炎症，引起呼吸困难和啰音。病鸡体重逐渐下降，母鸡产蛋量下降 10% ~40%，公鸡肉髯肿大。该病的发病率较高，而死亡率往往较低。感染鸡的日龄和品种不同，临床表现也不同。

【病变】主要病变是鸡的鼻腔、窦、喉和气管黏膜发生急性卡他性炎症,充血肿胀,潮红,表面覆有大量黏液,窦内积有渗出物凝块或干酪样坏死物,严重时也可能发生支气管肺炎和气囊炎。面部和肉髯的皮下组织水肿,眼、鼻有恶臭的分泌物结成硬痂,眼睑有时粘合在一起。产蛋鸡输卵管内有黄色干酪样分泌物,卵泡松软、血肿、坏死或萎缩,腹膜炎。公鸡睾丸萎缩。

【防治】

1. 饲养管理

鸡舍要注意防寒防湿,通风良好。鸡群不能过分拥挤,搞好鸡舍内外清洁卫生,保持用具干净。注意饲料的营养全价,多喂一些富含维生素A的饲料。实行“全进全出”的饲养方式,避免不同日龄的鸡群混养,不要从外场购入带菌鸡。引进种鸡时必须来自健康鸡群。

2. 免疫接种

副鸡嗜血杆菌菌苗预防该病,有一定效果。目前国内使用的多为含A型和C型副鸡嗜血杆菌的二价油乳剂灭活苗。由于副鸡嗜血杆菌各血清型之间不存在交叉免疫保护,同一血清型的不同亚型之间只有部分保护,故最好选用本场或本地区分离的菌株来做疫苗。

3. 治疗

鸡群中一旦发现病鸡,应及时隔离治疗。治愈康复的鸡应与健康鸡群分开饲养。发病鸡舍要彻底消毒,方可引进新鸡饲养。治疗鸡传染性鼻炎以磺胺类药物的抑菌效果最好,但不能清除鸡体的带菌状态,停药后易复发。

十七、鸡葡萄球菌病

鸡葡萄球菌病是由金黄色葡萄球菌或其他葡萄球菌引起的一种急性或慢性、接触性、多型性传染病。最常见的感染部位是翅、腱鞘和腿部关节,还可发生于皮肤、气囊、卵黄囊、心脏、脊髓、眼睑等部位,并可引起肝脏和肺的肉芽肿。葡萄球菌性败血症还可造成产蛋鸡的急性死亡,死亡率和淘汰率增加。另外，由于葡萄球菌产生大量毒素，可引起人的食物中毒。

【流行病学】病原主要为金黄色葡萄球菌，是革兰阳性球菌，因常堆聚成葡萄串状而得名。

各种家禽不分品种、年龄、性别均易感，集约化养鸡场本病多见。肉鸡较多发，尤其是30~80日龄笼养鸡、网养鸡最易发病。本病的诱发因素很多，常因禽痘、带翅号、禽痘疫苗、马立克疫苗的刺种、笼养的铁网、啄癖、脐带的胚胎感染，使皮肤黏膜及皮肤破损、外伤增多而感染，尤其是在鸡痘流行时更容易诱发该病。此外，饲养管理不善、笼具不整、过度拥挤、阴暗潮湿、过冷过热、通风不好、密度过大、饲料单一（维生素及矿物质不足等）、消毒不严格、滥用抗生素等引起菌群失调，以及免疫抑制性疾病的存在、黄曲霉素中毒，都会促发本病。

【临床症状和病变】

1. 葡萄球菌败血症

病鸡特征性症状是胸腹部、大腿内侧皮下水肿，滞留血样渗出液，呈蓝绿色或紫色。部分病鸡下痢，排灰白色或绿色粪便。病鸡贫血，鸡冠苍白，胸翅腿部皮下有出血点或斑。剖检时皮肤、黏膜、浆膜、肌肉尤其是胸肌广泛出血，肝、脾、肺、肾脏肿大，并有白色化脓件或坏死点。腺胃乳头出血或有化脓、坏死。关节炎、关节周围炎和滑膜炎较常见，受侵害的关节肿大并充满炎性渗出物，严重的出现骨髓炎。

2. 浮肿性皮炎

40~60日龄的笼养肉鸡常发，胸腹部、翼尖皮下可见黑色、湿润的区域，有捻发音。病初皮下浆液性渗出，皮肤呈蓝紫或黑紫色，有明显波动感。皮肤坏死，羽毛易脱落，甚至皮肤破溃，流出紫红色或茶绿色腥臭液体。病程较长者可形成干痂。一般病鸡于上述症状出现后2~3天死亡。

3. 眼病型

表现为上下眼睑肿胀，闭眼，有脓性分泌物，并见有肉芽肿。病久者眼球下陷，有时失明，有时见眶下窦肿胀、化脓，呈蓝绿色。

4. 关节炎、骨膜炎

病鸡足、趾、膝关节肿胀、发热、变形或有脓肿，不愿走动，跛行，关节内有渗出物。

5. 脐炎

雏鸡脐环闭合不全，腹部膨大，脐口恶臭发炎，下白痢。剖检时见卵黄囊较大，卵黄发暗变色等病变。

【诊断】根据流行特点和临床表现可做出初步诊断，确诊须分离致病性金黄色葡萄球菌。

【防治】该病是一种环境疾病，预防主要是搞好鸡舍消毒工作，发病鸡群可使用抗生素治疗。由于葡萄球菌极易产生耐药性，最好事先进行药敏试验，注意科学用药。发病严重的地区或鸡场，可使用葡萄球菌自家疫苗预防免疫。

十八、禽霍乱

禽霍乱是由多杀性巴氏杆菌（PM）引起的一种接触性急性败血症。急性发病时表现为败血症，发病率和死亡率很高。慢性发病的特征为肉髯水肿及关节炎，死亡率较低。该病呈世界性分布，给养禽业造成了严重的经济损失。

【流行病学】各种家禽均对多杀性巴氏杆菌易感，鸡、鸭最易感。一般侵害 4 周龄以上的育成鸡和成年产蛋鸡，营养状况良好鸡、高产鸡易发。病鸡、康复鸡或健康带菌鸡是主要传染源，慢性病鸡或引进带菌鸡往往造成复发，新鸡群暴发本病。病菌主要通过消化道传播，还可通过呼吸道、皮肤黏膜及伤口传染。吸血昆虫、苍蝇、猫等也可成为传播媒介。

【临床症状】

1. 最急性型

病初鸡常不见任何临床症状突然死亡。

2. 急性型

在流行过程中最常见。病鸡精神沉郁、呆立、缩颈闭眼或头藏翅下，羽毛松乱，口中流浆液性或黏性液体，鸡冠、肉垂发绀而呈黑紫色。病鸡下痢，常有剧烈腹泻，排出黄色、灰白色或淡绿色稀粪。体温高达 44℃。病程短，1 ~ 2 天死亡。

3. 慢性型

在流行后期或本病常发地区可以见到，有的是由急性病例转为慢性。病变常局限于某一部位，如一侧或两侧肉髯肿大，有的有结膜炎或鼻炎。产蛋母鸡卵巢常发生感染，成熟卵泡表面血管模糊不清。慢性病鸡可拖延几周才死亡，或成为带菌者。

【病变】剖检最急性死亡病鸡，看不到明显的病变。急性病例可见腹膜、皮下组织和腹部脂肪有小出血点；胸腔、腹腔、气囊和肠浆膜上常见纤维素性或干酪样灰白色的渗出物；小肠前段尤以十二指肠呈急性卡他性炎症或急性出血性卡他性炎症，肠内容物中含有血液。肝脏的变化具有特征性，肿大，色泽变淡，被膜下和肝实质中弥漫性散布有许多灰白色、针尖大小的坏死点。心外膜上有出血点或出血斑，在心冠状沟脂肪上出血点尤为明显。心包炎，心包内积有多量淡黄色液体，偶尔有纤维素凝块。肺充血，表面有出血点。慢性型常表现为冠、髯苍白，有的水肿、变硬或出现干酪样病变。关节发炎、肿大，跛行，切开肿大的关节时见有干酪样物。少数病例可见鼻窦炎。有的病鸡出现长期拉稀。产蛋鸡可见卵巢出血，卵黄破裂，腹腔内脏表面附着卵黄样物质。

【防治】加强饲养管理。疫苗免疫的效果不好，免疫期不长，反应性较大。鸡群发病立即治疗，有条件的通过药敏试验选择有效药物，全群给药。磺胺类药物、氯霉素、红霉素、庆大霉素、氟哌酸、喹乙醇等均有较好的疗效。

十九、坏死性肠炎

坏死性肠炎是 A 型或 C 型产气荚膜梭菌在鸡肠道内大量繁殖而产生大量毒素，所引起的一种非接触性传染病。

【流行病学】鸡肠道本身就有魏氏梭菌，当鸡体受到各种应激因素（如球虫的感染，饲料中蛋白质含量的增加，肠黏膜损伤，口服抗生素）和污染环境中魏氏梭菌增多时，发生本病。本病 2～3 周龄到 4～5 月龄的青年鸡多发，直接接触传染。

【临床症状】本病多为散发性,发病迅速。急性病雏常无明显的先兆症状而突然死亡。病鸡精神状态差,羽毛逆立,粗乱无光泽;食欲减少或废绝,从口中流出饲料或水样物;粪便稀,呈暗黑色,有时混有血液。

【病变】剖检病变常局限于小肠,以空肠和回肠多见,偶尔可见到盲肠病变。小肠脆、易碎,充满气体。肠黏膜弥漫性出血或严重坏死,覆盖一层黄色或绿色假膜,易剥落。

【诊断】依据典型的剖检病变和分离到产气荚膜梭菌,即可做出诊断。鸡场病例,用血液琼脂平板37℃厌氧过夜,极易从肠内容物、肠壁刮取物或出血性淋巴结中分离出产气荚膜梭菌。注意本病与溃疡性肠炎和球虫感染的鉴别。溃疡性肠炎特征性剖检病变为,小肠远端及盲肠上有许多坏死灶,肝脏也有坏死灶。坏死性肠炎的病变仅局限于空肠和回肠,而盲肠和肝脏几乎没有病变。布氏艾美尔球虫感染引起的剖检病变与该病相似,但是镜检粪便涂片和肠黏膜触片即可见球虫卵囊。临床常见坏死性肠炎和球虫病同时感染的病例,应注意综合诊断。

【防治】平时加强饲养管理,不喂发霉变质的饲料。在饲料中添加抗生素如杆菌肽、林可霉素、青霉素、氨苄青霉素、奥沃霉素、双呋米腙等,能有效防治本病。微生态制剂如乳酸杆菌、粪链球菌,可减轻坏死性肠炎的危害。暴发坏死性肠炎后,可选用抗生素治疗。

二十、禽曲霉菌病

禽曲霉菌病是真菌中的曲霉菌引起的疾病。特征是在家禽的肺和气囊形成广泛性炎症和小结节,故又称禽曲霉菌性肺炎。

【流行病学】曲霉菌分布广泛,腐烂植物、土壤以及谷粒饲料中都存在。引起禽曲霉菌病的两个主要病原为曲霉菌属中的烟曲霉和黄曲霉,以烟曲霉最常见,致病力最强。曲霉菌类能产生毒素,使禽类致病的为黄曲霉毒素、褐黄曲霉毒素和镰刀菌毒素。禽类对曲霉菌毒素非常敏感。黄曲霉产生的毒素能引起组织坏死,有较强的致癌作用,常引起肝脏、肺脏的癌变。

在自然条件下，鸡、鸭、鹅、火鸡、鹌鹑均可感染曲霉菌病。4～20日龄雏鸡易感性高，随着日龄的增加抵抗力也增加，成年禽类仅为散发。本病的主要传播媒介是被曲霉菌污染的垫料和发霉的饲料。曲霉菌病的传播途径是经呼吸道和消化道。孵化环境受到严重污染时，曲霉菌孢子穿过蛋壳侵入蛋内，使胚胎感染而胚胎死亡，或雏鸡出壳后几天内出现症状而死亡。出壳的雏鸡也可在孵化环境中经呼吸道感染而发病，日龄越小，病死率越高。

【临床症状】雏鸡感染后呈急性经过，常无明显的症状而突然死亡。病程稍长的鸡则表现精神不振，食欲减少或拒食，渴欲增加，对外界反应淡漠，嗜睡，逐渐消瘦。随后出现以呼吸道症状为特征的呼吸困难，头颈前伸，张口吸气，细听可闻气管啰音。冠和肉髯颜色发紫。个别病雏出现神经症状，头向后仰，运动失调。急性病例的致死率达50%～100%。成年鸡感染多呈慢性经过，病死率较低。产蛋鸡表现为产蛋减少或停止，病程可延至数月。

【病变】禽曲霉菌病的病变主要在呼吸系统，病禽气管中有黏液脓性分泌物和干酪物充塞。整个肺组织中散布有粟粒大至豆粒大、灰白色或黄白色结节。肺有多个结节时质地变硬、弹性消失，时间较长时形成钙化结节。气囊膜上可形成点状或局部混浊，呈云雾状，以后变为圆形突起的灰白色结节。严重者整个气囊壁增厚，气囊内有灰白色或黄白色炎症渗出物，形成干酪样物。少数病例心包及心肌有灰白色结节样坏死灶。肝、肾肿大，表面有灰白色坏死灶和结节。有些病例由于毒素的作用，肝有土黄色坏死灶，在腺胃和肠浆膜上有灰白色结节或坏死区。

【诊断】由于该病与饲料、环境中曲霉菌生长有密切关系，因此，最好到现场调查、察看，了解有无接触发霉垫料和喂给霉败饲料。结合流行特点和病变，一般可做出诊断。确诊须进行病原分离鉴定。

【防治】不使用发霉的垫料和饲料。注意鸡舍的消毒、通风，垫料要经常更换，防止曲霉菌污染环境。每批饲料随机取样，测定饲料中的含曲霉菌数，超标时要高温处理或经加工调制后再投喂。确诊该病后，针对发病原因立即更换垫料或停喂、更换霉变饲料，清扫和消毒鸡舍。给病禽饮用抗生素和多维素，防止并发感染，增强机体抵抗力，促进病禽的尽快恢复。制霉菌素和一些化学药物有一定的防治作用。

二十一、鸡球虫病

鸡球虫病是球虫寄生于鸡的肠黏膜上皮细胞而引起的一种急性流行性原虫病，临床常见且危害严重。

【流行病学】病原为原虫中的艾美耳科艾美耳属球虫，鸡球虫共有13种，我国已发现9种。不同种的球虫，在鸡肠道内寄生的部位不一样，致病力也不相同。柔嫩艾美耳球虫寄生于盲肠，致病力最强。

鸡是球虫感染的唯一天然宿主。各品种鸡均易感，15~50日龄鸡发病率和致死率较高，成年鸡对球虫有一定的抵抗力。病鸡是主要传染源，凡被带虫鸡污染过的饲料、饮水、土壤和用具等都有卵囊存在。人及其衣服、用具、某些昆虫都能传播球虫。鸡感染球虫的途径主要是吃了感染性卵囊。饲养管理条件不良，鸡舍潮湿、卫生条件恶劣时最易发病，迅速波及全群。球虫虫卵对恶劣环境条件和消毒剂均具有一定的抵抗力，不容易破坏。

【临床症状和病变】

1. 急性球虫病

(1)急性盲肠球虫病：病原体为柔嫩艾美耳球虫，寄生于盲肠和直肠黏膜，潜伏期4~5天。鸡发病时排出大量新鲜血便，持续2~3天，第7天起多数鸡停止血便。血便发生后1~2天，鸡开始死亡。剖检病死鸡可见盲肠肿胀，充满大量血液，或盲肠内凝血并充满干酪样物质。病程长者，盲肠显著萎缩，长度只有正常的1/2，内容物极少，呈粉红色。

(2)急性小肠球虫病：病原体为毒害艾美耳球虫。主要在小肠中段感染，在小肠进行无性生殖，在盲肠内进行有性生殖。潜伏期为4~5天，鸡突然排泄大量的带黏液血便，呈红黑色。临床表现与急性盲肠球虫病相似，但死亡率高，恢复较慢。剖检变化可见小肠黏膜上有大量粟粒大的出血点和灰白色坏死灶。小肠内大量出血，有大量干酪样物质。小肠长度缩短为正常的1/2，而粗细增大至原来的2倍以上。盲肠、直肠无病变，有时盲肠内充满血液，是小肠出血进入了盲肠。

2. 慢性球虫病

由柔嫩艾美耳球虫和毒害艾美耳球虫以外的其他种类引起，尤其是堆型和巨型艾美耳球虫。巨型艾美耳球虫损害小肠中段，可使肠管扩张，肠壁增厚；内容物黏稠，呈淡灰色、淡褐色或淡红色。堆型艾美耳球虫多在上皮表层发育，并且同一发育阶段的虫体常聚集在一起，在被损害的肠段出现大量淡白色斑点。哈氏艾美耳球虫损害小肠前段，肠壁上出现针头大小的出血点，黏膜有严重的出血。若多种球虫混合感染，则肠管粗大，肠黏膜上有大量出血点，肠管中有大量带有脱落肠上皮细胞的紫黑色血液。

【诊断】由于鸡的带虫现象极为普遍，因此，是不是由球虫引起的发病和死亡，应根据临床症状、流行特点、病理剖检情况和病原检查结果进行综合判断。用饱和盐水漂浮法或粪便涂片查到球虫卵囊，取肠黏膜触片或刮取肠黏膜涂片查到裂殖体或配子体，均可确诊为球虫感染。

【防治】保持鸡舍干燥、通风和鸡场卫生，定期清除粪便，堆放发酵以杀灭卵囊。世界上已注册的球虫疫苗有 4 种，应使用多价疫苗，以获得全面的保护。药物防治球虫病行之有效，不少国家把抗虫药物作为饲料添加剂使用。建议交替使用不同的药物，以减少抗药性。

二十二、组织滴虫病

组织滴虫病又名盲肠肝炎或黑头病，是由组织滴虫属的火鸡组织滴虫寄生于禽类的盲肠和肝引起的一种急性原虫病。火鸡和雏鸡多发，导致盲肠炎以及肝脏的特征性坏死灶。

【流行病学】本病以 2 周龄到 4 月龄的鸡最易感。主要是病鸡排出的粪便污染饲料、饮水、用具和土壤，通过消化道而感染。当滴虫在盲肠黏膜内大量繁殖，引起发炎、出血、坏死，可涉及肌肉和浆膜，最终使整个盲肠都受到严重损伤。在肠壁寄生的组织滴虫也可进入毛细血管，随门静脉血流进入肝脏，破坏肝细胞，导致肝组织坏死。

【临床症状】本病的潜伏期为几天或 2～3 周。病鸡下痢，逐渐消瘦，鸡冠、嘴角、喙、皮肤呈黄色，排黄色或淡绿色粪便，急性感染时可排血便。部分鸡冠、肉髯发绀，呈暗黑色，因而有“黑头病”之称。病愈康复鸡带虫可达数周，甚至数月。

【病变】本病特征性病变在盲肠和肝脏，其他器官无病变。盲肠肿大，黏膜出血，肠腔内积有渗出的浆液和血液。盲肠壁增厚变硬，黏膜坏死，失去伸缩性。肠腔内充满大量干燥、坚硬、干酪样凝栓，形似香肠，凝栓粘附有血液及坏死、剥落的黏膜。如将肠管横切，可见同心圆层状干酪样凝固物，中心为暗红色的凝血块，外围是淡黄色干酪化的渗出物和坏死物。有时伴发腹膜炎，盲肠与腹膜或小肠粘连。肝脏大小正常或明显肿大，紫褐色。在肝被膜面布满圆形或不规则形、中央稍凹陷、边缘稍隆起、黄绿色或黄白色的坏死灶，如菊花状或纽扣状。坏死灶的大小不一，中央色较深，呈红褐色或暗红色；周边颜色较淡，呈黄色圆环状。有些病例，肝脏散在许多小坏死灶，使肝脏外观呈斑驳状。若坏死灶互相融合，则可形成大片融合性坏死灶。

【诊断】根据组织滴虫病的特异性肉眼病变和临床症状便可诊断。并发球虫病、沙门菌病、曲霉菌病或上消化道毛滴虫病时，必须用实验室方法检查出病原体，方可确诊。

【防治】加强鸡群的卫生和管理，及时清粪，堆积发酵。成鸡与幼鸡分开饲养。定期给鸡驱除异刺线虫。消灭传播媒介蚯蚓。隔离病鸡，鸡舍地面消毒。治疗可用复方敌菌净、灭滴灵、丙硫咪唑等。

二十三、绦虫病

绦虫种类繁多、分布广泛，寄生于家畜、禽及人体的绦虫属于扁形动物门绦虫纲，只有圆叶目和假叶目绦虫对家畜及人体具有感染性。寄生于禽肠道的绦虫多达40余种，最常见的是戴文科赖利属、戴文属、膜壳科剑带属绦虫，均寄生于禽类的小肠，主要是十二指肠。

【流行病学】成虫寄生于家禽的小肠内，成熟的孕卵节片自动脱落，随粪便排到外界，被适宜的中间宿主吞食后，在其体内经2～3周发育为具感染能力的似囊尾蚴。禽吃了这种带有似囊尾蚴的中间宿主而受感染，在禽小肠内经2～3周即发育为成虫。成熟孕节不断地自动脱落并随粪便排到外界。

家禽的绦虫病分布广泛、危害大，感染多发生在中间宿主活跃的4～9月份。各种年龄的家禽均可感染，但以雏禽更易感。25～40日龄的雏禽发病率和死亡率最高，成年禽多为带虫者。

【临床症状】患鸡精神沉郁，羽毛逆立，渴欲增加；粪便稀薄或混有血样黏液；鸡冠、面部及腿部皮肤苍白，贫血症状明显；消瘦，生长缓慢，最后衰弱死亡。产蛋鸡表现为产蛋下降，但无畸形蛋、薄壳蛋、砂壳蛋和褪色蛋出现。肉鸡亦出现排血便症状，但不易发现，易与球虫病和肠毒综合征混淆，整体鸡群表现料肉比下降。

【病变】解剖病鸡，肌肉苍白或黄疸；肝脏土黄色，边缘偶见坏死区域；卵泡正常或少量充血，但输卵管内多数有硬壳蛋；肠道内壁有假膜覆盖，易刮落；空肠及回肠内有胡萝卜样分泌物并有恶臭。部分死亡鸡肠道稀薄，肠黏膜脱落明显，从肠道外侧可以看到肠道内未消化的饲料，黏膜发白、黄染。小肠壁上出现结核样结节并凹陷，内有虫体节片及黄褐色凝乳栓塞物，个别病例可见较大疣状溃疡。严重感染时，个别部位绦虫堆聚成团，堵住肠管，直肠有血便。

【诊断】在粪便中可找到白色米粒样的孕卵节片。在夏季气温高时，可见节片向粪便周围蠕动，镜检可发现大量虫卵。对部分重病鸡可进行剖检诊断。

【防治】预防本病最主要的是搞好粪便清理及环境卫生；切断传播途径，消灭中间宿主（昆虫、甲壳动物等）接触的机会；幼龄鸡与成年鸡要分开饲养；在每年的仲夏进行定期驱虫。吡喹酮是本病的首选药物，槟榔等中药也有较好的效果。

二十四、鸡蛔虫病

鸡蛔虫病遍及全国各地，在地面大群饲养的情况下常感染严重，影响雏鸡的生长发育,甚至造成大批死亡,严重影响着养鸡业的发展。

【流行病学】雄虫交配后死亡。受精后的雌虫在鸡小肠内产卵,卵随鸡粪排到体外。虫卵在适宜的温度和湿度下,经1～2周发育为含感染性幼虫的虫卵(即感染性虫卵),在土壤内6个月仍具感染能力。鸡因吞食了含感染性虫卵的饲料或饮水而感染。幼虫在鸡胃内脱掉卵壳进入小肠,钻入肠黏膜内,经一段时间发育后返回肠腔,发育为成虫。从鸡吃入感染性虫卵到在鸡小肠内发育为成虫,需35～50天。除小肠外,在鸡的腺胃和肌胃内也有大量虫体寄生。3～4月龄雏鸡最易感染和发病,1岁以上的鸡为带虫者。

虫卵对外界环境因素和常用消毒药物的抵抗力很强,在严寒冬季经3个月的冻结仍能存活,对干燥和高温敏感,在干燥、高温和粪便堆沤等情况下很快死亡。

【临床症状】雏鸡感染的症状明显,表现为精神沉郁,羽毛松乱,行动迟缓,食欲不振,生长发育不良,下痢,有时粪中混有带血黏液,消瘦、贫血,黏膜和鸡冠苍白,最终衰弱而死亡。严重感染者可造成肠堵塞而死亡。成年鸡多属于轻度感染,一般不表现症状,严重时表现下痢、产蛋率下降和贫血等。

当幼虫钻入肠黏膜时,损伤肠绒毛,引起肠黏膜出血,产生结节和炎症,使消化功能发生障碍,肠壁细胞增生。成虫寄生于肠管内,排泄物含有毒素,能引起慢性中毒,最终导致幼鸡生长迟缓,母鸡产蛋率下降。成虫寄生数量多时引起肠管阻塞,甚至破裂而死亡。

【诊断】流行特点和临床症状可作参考,饱和盐水漂浮法检查粪便发现大量虫卵,尸体剖检在小肠或腺胃、肌胃内发现有大量虫体,即可确诊。

【防治】

1. 消灭中间宿主

为防止中间宿主蚂蚁、甲虫、蝇类和陆地螺的孳生,除采用药物驱杀外,应经常打扫鸡舍,不要在鸡舍附近堆积垃圾、碎石和枯木。

2. 幼鸡和成年鸡分开饲养

加强饲养,饲喂全价饲料,在饲料中添加足量的维生素A和维生素B,注意饮水卫生。成年鸡多为带虫者,容易污染环境,造成对幼鸡的感染。

3. 定期检查鸡群

在不安全的鸡场，产蛋前一个月应进行驱虫。幼鸡和母鸡在同一场地饲养时，全部进行驱虫。

4. 治疗

选用阿苯咪唑、丙氧咪唑、左旋咪唑、甲苯咪唑、噻咪唑、哌嗪、苯硫咪唑、四咪唑等药物。

二十五、痛　风

痛风是尿酸盐沉积于内脏器官或关节腔而形成的一种代谢性疾病。该病主要发生于鸡，尤其是肉仔鸡和笼养鸡多发。有的鸡群发病率高达40%，死亡率很高。水禽与火鸡亦会发病。

【病因】饲料中核蛋白与嘌呤碱原料过多，饲料中钙过剩或草酸过高，维生素A缺乏，饮水不足；中毒性因素，如磺胺类与氨基糖苷类抗菌药物中毒、真菌毒素中毒；传染病因素，如传染性支气管炎、传染性法氏囊炎、传染性肾炎、沙门菌病、大肠杆菌病、球虫病等常可诱发痛风；环境因素，如鸡舍环境恶劣、氨气浓度长期过高、潮湿、运动不足。

【临床症状和病变】根据尿酸盐在体内沉积的部位不同，临床上分为内脏型痛风与关节型痛风，二者可同时发生。

1. 内脏型痛风

多呈慢性经过，可导致死亡。病鸡常表现为冠髯苍白(个别有轻度紫绀)，呼吸困难，呆立厌动，消瘦、贫血明显；粪便稀薄发白，呈石灰渣样；关节肿大，关节腔内有白色尿酸盐沉积；肛门羽毛污染较重，有的自啄羽毛；个别抽搐明显，几天后死亡。剖检可见体腔浆膜面有广泛的尿酸盐沉积，呈灰色粉末状；心、肝、脾及其他内脏器官表面附着一层白膜，心包常和心外膜粘连，有沉积物，肝胃粘连成一团。肾明显肿大，颜色浅淡，切面有灰白色尿酸颗粒(肾小管内充满尿酸盐所致)，红白相间，呈花斑状。输尿管肿胀，内有尿酸盐大量沉积，呈糜烂状或颗粒状。严重者尿酸盐把输尿管阻塞或形成结石，呈圆柱状。肾脏中尿结石呈珊瑚状，灰白色，质地坚硬。

2. 关节型痛风

较少见，病鸡主要表现为腿部关节和趾爪关节肿大，行动迟缓，跛行严重，站立困难，甚至瘫痪。剖检可见关节内充满白色黏稠状物质，在关节软骨表面、周围结缔组织、滑膜、腱鞘和韧带均可见到灰白色或灰黄色尿酸粉末或颗粒沉积，周围组织炎性水肿；慢性化后周围结缔组织增生，瘢痕化形成致密结节，使关节和趾爪僵硬变形，个别关节周围组织可发生溃疡和坏死。

【防治】根据家禽不同阶段的营养需要合理配制饲料，考虑可消化蛋白水平与氨基酸平衡。饮水要充足，严禁饲料霉变产生毒素，维生素添加要充分。平养家禽适量增加运动。避免滥用药物，鸡群发病要按量和疗程投药，尤其是磺胺类药物选用时更要慎重。

在饲粮中添加氯化铵、硫酸铵、DL－蛋氨酸、2－羟－4甲基丁酸等，都能使尿液酸化，减少由钙诱发的肾损伤，减少死亡率。用肾肿解毒药或肾肿灵、肾宝等药物饮水，每天8～12小时，有助于尿酸盐的溶解与排泄。添加维生素A或鱼肝油，多饮水，配以别嘌呤醇、利尿药、乙酰水杨酸钠等，可抑制尿酸的形成，增加尿酸盐的排出。

二十六、肉鸡腹水综合征

肉鸡腹水综合征又称腹水征（AS），是以明显的腹水与心、肺、肝脏功能衰竭为特征的一种非传染性疾病。曾一度认为本病与高海拔饲养环境有关，所以过去又被称为“高海拔病”。近年来，一些低海拔的地区亦有此病发生。本病主要侵害肉鸡，肉鸭、火鸡、蛋鸡及观赏鸟类亦有报道。在寒冷季节鸡群死亡率明显增加，甚至高达35%，严重影响肉鸡产业的发展。

【病因】肉鸡腹水症多发于4周龄以后，死亡高峰见于5～7周龄。公鸡约占患病鸡的70%。

1. 遗传因素

当今世界肉鸡的育种方向是向快大型发展，但肉鸡的心肺功能并未改善，以至于在快速生长期不能很好地适应体质本身的代谢需求，潜伏着一种心—肺衰竭的发病倾向。

2. 营养因素

采食颗粒料的鸡发病率高于采食粉料的鸡，高能饲料也能导致腹水综合征。

3. 环境因素

本病多发生于气候寒冷的冬春季节。气候寒冷，一方面鸡体代谢率升高，采食量和耗氧量增加；另一方面通风不良和燃煤取暖，也增加了耗氧量，造成小环境缺氧；若饲养密度过大，平均供氧量降低，也会导致氧气缺少，诱发腹水症。

4. 孵化条件

孵化期间高温高湿、通风不良，可引起雏鸡早期腹水症。

5. 疾病因素

肉鸡患有些传染病时呼吸困难，会造成机体慢性缺氧、心力衰竭而发生腹水；呋喃唑酮、莫能霉素、真菌毒素、食盐、马杜拉霉素等中毒病伴不同程度的腹水，维生素 E、硒的缺乏也可引发腹水症。

【临床症状】大多数病鸡表现生长迟缓、精神沉郁、羽毛蓬乱、垂翅闭目，食欲不振或废绝。个别鸡可见下痢，排黄白色或灰白色稀粪，张口喘气，呼吸加快而困难，跗关节肿大，行走蹒跚。病鸡冠和髯发绀或苍白，日渐消瘦。腹部膨大下垂，触之有波动感，腹腔穿刺流出透明清亮的淡黄色液体。病鸡站立呈企鹅状，腹水发展很快，常于 1 ~ 3 天内死亡。有些病鸡可在无任何先兆的情况下突然死亡。

【病变】部分死鸡腹部呈蓝褐色，胸腹腔皮下胶冻样水肿，腹腔内有大量（100 ~ 500 ml）黄色清亮液体，有的混有纤维素凝块而呈胶冻样。多数病例肝脏呈不同程度肿大，质脆易碎，多为土黄色。病程长的肝脏体积缩小，质地较硬，边缘钝圆。有的病例肝脏表面附有一层灰白渗出物。有的肝被膜增厚，淡黄色纤维素性被膜下有局灶性血液凝块。病程短的肝表面有出血点。胆囊胀大，充满胆汁。心脏变形肿大，为正常的 1 ~ 2 倍，心包混浊、增厚,心包液显著增多。心脏横径增大,尤其是右心房扩张显著,心肌瘫软、变薄、发白,心腔积有大量凝血块。肺动脉和主动脉极度扩张,管腔内充满血液。

肌胃角质层有溃疡灶,角质膜下的肌肉层有局灶性充血,个别腺胃稍肥厚,乳头稍肿,十二指肠有出血,肠内有黏液性内容物。肾脏充血肿大、色泽变淡,右肾小管、输尿管、泄殖腔内及肾脏表面有大量石灰渣样的尿酸盐沉积。脾脏肿胀。肺脏严重淤血、水肿,呈花斑状,间质有灰白色条纹,切面流出大量带有小气泡的混血液体。胸肌、腿肌有不同程度的淤血和皮下水肿。

【防治】肉鸡腹水征是多种因子共同作用的结果,要采取综合性措施。如改善饲养环境,适当限饲和减少饮水,合理搭配饲料,抑制肠道中氨的水平,孵化补氧,防止继发感染。饲料中添加诺氟沙星,防止继发感染,连用3天。

二十七、脂肪肝(出血)综合征

脂肪肝(出血)综合征是一种脂肪代谢障碍性疾病,以肝脏脂肪过度沉积或伴有肝脏出血为特征,是由于饲料中营养过剩而某些微量营养成分不足或不平衡,鸡体内代谢机能紊乱引起的。以肝脏发生脂肪变性出血而急性死亡为特征。该病主要发生于笼养产蛋鸡,尤其是在炎热的夏季。

【病因】饲喂高能(玉米、麸皮等)、低蛋白日粮或能量利用减少,造成高能饲料含糖丰富,加速了肝脏脂肪的合成。肝内脂肪只有与蛋白质结合形成脂蛋白,才能从肝内移出。此时若日粮中缺乏蛋白质,将不能合成足够的脂蛋白来转运肝脏中的脂肪,则过多的脂肪会沉积于肝内。

饲料中脂肪(动物油脂、油渣)含量过多,可使脂肪沉积于肝脏而发病,且病情严重。

与某些亲脂肪性因子、蛋氨酸、叶酸、胆碱、生物素、维生素 B_{12}、维生素 C、维生素 E 等营养素缺乏密切相关。

病鸡血液中儿茶酚胺、肾上腺素和去甲肾上腺素含量降低，阻碍了脂肪的利用。

鸡在产蛋高峰期即处于高度应激状态，舍温过高、饮水不足、光照过少、更换饲料、通风不良、受惊等应激因素，均可使代谢加快，失去平衡，引起脂肪含量过高。

饲料中真菌毒素（黄曲霉毒素、红青霉毒素等）可致肝机能损伤，油菜籽制品中的芥子酸也可引起肝脏变性，促使本病发生。

笼养鸡活动空间缺少，运动不足，能量消耗少，使脂肪过度沉积。

饲料中缺硒，硒对脂蛋白的合成和转变有重要作用。

【临床症状和病变】笼养鸡较平养鸡多发，而且发病急速，往往发现时鸡已死亡。发病初期鸡群精神正常，饮水、采食未见明显的变化，但鸡的死亡率突然增高。本病发生时常出现产蛋突然下降，甚至停产，或达不到应有的产蛋高峰，破蛋稍增加。个别病鸡突然死亡，发病率在5%左右，甚至可达30%。鸡体重多数过肥，腹部膨大柔软、下垂。冠与肉髯苍白贫血，覆有皮屑。急性死亡时，鸡头部、冠、肉髯和肌肉苍白；体腔内有大量血凝块，部分包着肝脏；肝脏明显肿大，色泽变黄，质脆弱易碎，有油腻感，有条破裂区域和小的出血点。肝被膜下及肝周腹腔中积聚血凝块，充满腹腔；腹腔、内脏表面、皮下、骨盆腔及输卵管周围均积有大量脂肪，肌胃、腺胃周围也包裹着厚脂肪，肌胃明显小；产蛋高峰的鸡只死亡，剖检在输卵管内可见正在发育的蛋，其他内脏器官未见明显的病变。

【防治】合理搭配饲料，以适应变化的环境下鸡群的需要。由于摄入能量过度是一个重要的病因，因此可以考虑实际限制（或）降低饲料代谢能量的添加量。调整饲养管理，必要时采取限量饲喂，使鸡体重适当。加强运动，减少应激。注意饲料保管，防止饲料霉变。有条件的鸡场可定期进行血清学测定，做到早发现、早防治。提高饲料中蛋白质含量，减少热能水平，促进消除体内脂肪。使用中药制剂治疗脂肪肝，以化痰祛湿、活血化瘀、疏肝解郁、健脾消导为主，辅以清热解毒、利胆化积、补肾养肝等。

第六章 鸭、鹅常见病治疗

一、鸭新型黄病毒病

2010年4月以来,我国主要蛋鸭养殖区陆续暴发了一种以产蛋率大幅下降为主要特征的疫病,传播较快,造成了严重损失。

【流行病学】病原为一种新型黄病毒,属于黄病毒科黄病毒属,中国农业大学苏敬良等命名为BYD病毒。病毒对乙醚、去氧胆酸盐、酸、热、胰酶敏感。

本病可感染除番鸭外的所有品种蛋鸭。鸭从早春患病,可一直持续到秋季。蚊子可传播本病。产蛋鸡也可能被感染。

【临床症状】本病主要威胁蛋鸭,导致产蛋率骤减,减幅很大,有的超过90%或绝产。病鸭初期表现为不爱下水,产蛋率轻度下降,采食量突然下降,几天内降到原来的50%,甚至更多。病鸭逐步发展到高热,运动障碍,食欲废绝,产蛋率大幅下降,从高峰期的90%~95%下降到5%~10%,排绿色稀薄粪便,发病率最高可达100%,死亡率可达5%~10%。流行早期病鸭一般不出现神经症状,流行后期则神经症状明显,表现瘫痪、翻个、行走不稳、共济失调。发病期间种蛋受精率降低10%左右。病程一个半月,可自行逐渐恢复,首先采食量恢复,绿色粪便逐渐减少,产蛋率缓慢上升,状况较好的鸭群可恢复到发病前水平。老鸭恢复缓慢且难以恢复到原来水平。种鸭恢复后期多数有一个明显的换羽过程。

商品肉鸭和育成期种鸭最早可在20日龄前发病,以神经症状为主要特征,表现站立不稳、倒地不起、行走不稳。病鸭仍有食欲,但多数因饮水、采食困难在数日内衰竭死亡,死淘率10% ~30%。

【病变】病鸭肝脏肿大、淤血,表面有针尖状白色点状坏死。脾脏斑驳呈大理石样,有的极度肿大并破裂。卵泡充血、出血、萎缩、破裂、坏死或液化,输卵管有黏液。胰腺出血、坏死。有神经症状的病死鸭脑膜出血,脑组织水肿,呈树枝状出血。心肌外观苍白,有白色条纹状坏死,有的心肌外壁出血,多数心脏内膜出血。育成鸭还有腺胃乳头出血。

【诊断】根据临床症状和病理变化可初步诊断,确诊需进行病毒分离与鉴定。病毒分离阳性者再用RT－PCR诊断。本病易与鸭流感、鸭副黏病毒病、番鸭呼肠孤病毒病混淆,注意鉴别诊断。

【防治】加强饲养管理,加强生物安全措施。注重用具和设备、车辆、种蛋的消毒及病死鸭的处理。发病期间做好封栋、封场工作。鸭场严格隔离,鸭舍、运动场定期消毒,鸭群定期驱虫。减少应激,特别在疫苗接种时要慎重,注意天气预报,及时采取防寒保温措施。鸭舍垫料在蛋鸭饲养期间切忌翻动或清理,以防环境突发应激及高浓度氨刺激而诱发本病。谨防饲料突换和霉败变质。确保有洁净及足量的饮用水及嬉戏水。

做好基础防疫非常关键。鸭新型黄病毒为新发现病毒,目前还没有合法的疫苗。在一段时间内可能使用自家灭活苗,会收到较好的预防效果。

该病目前尚无有效的治疗措施。抗病毒中药可抑杀病毒,提高机体免疫力。中药组方以轻泻肝火、健脾为主。发病鸭群可适当添加多维素及中药(如清温败毒散、黄芪多糖、双黄连等),对症治疗。临床用龙胆泻肝散、白术、水飞蓟素、仙人掌、白花蛇舌草等给鸭拌料,有一定的效果。为防止继发感染,适当选用抗生素药物。

二、番鸭呼肠孤病毒病

番鸭呼肠孤病毒病是近年来我国新出现的急性病毒性传染病,俗称番鸭"肝白点病"或"花肝病"。本病主要发生于40日龄内番鸭,以软脚、腹泻、生长障碍为主要症状,以肝、脾表面坏死、纤维素性心包炎为主要病变，发病率、死亡率高。

【流行病学】本病病原是番鸭呼肠孤病毒，对乙醚、氯仿、胰蛋白酶、3%甲醛处理30分钟不敏感，对pH 3、60℃处理30分钟和紫外线照射敏感。

主要感染番鸭和半番鸭，对鹅、北京鸭、鸡均无致病力。发病在7～45日龄，以10～30日龄为主。日龄越小死亡率越高，耐过的病鸭成为僵鸭。病鸭发病率为30%～90%，病死率为60%～80%，应激或混合感染下死亡率可达90%以上。

【临床症状】夏季多发，临床症状主要表现为软脚、腹泻、生长障碍。

【病变】肝和脾表面有大量灰白色坏死点，肾脏肿大、出血，表面有黄白色条斑。病程长则表现为心包膜、肝周膜明显增厚，呈纤维素性炎症变化，肝、脾表面隐约可见灰白色小点。番鸭呼肠孤病毒能诱导免疫器官细胞凋亡，能不同程度导致番鸭免疫抑制。

【诊断】根据流行病学特点、临床症状和病理变化可初步诊断。注意与番鸭细小病毒病、禽沙门菌病、禽霍乱等症状相似疾病的鉴别。确诊依据病毒鉴定、动物回归试验、血清学检测、RT－PCR检测等实验室诊断。

【防治】加强饲养管理和定期消毒，保持场地干爽，及时补充维生素和盐离子。番鸭呼肠孤病毒与鸡呼肠孤病毒间不存在交叉保护性抗原，因此，使用鸡呼肠孤病毒疫苗无免疫效果。临床上应尽早使用番鸭呼肠孤病毒高免卵黄抗体或自家疫苗防治，在3～7日龄注射抗呼肠孤病毒抗体预防。发病早期使用抗生素、抗病毒药物及清热解毒的中草药治疗，可减少死亡。

三、番鸭细小病毒病

番鸭细小病毒病是由番鸭细小病毒引起，以腹泻、气喘和软脚为主要症状，主要侵害1～3周龄雏番鸭，俗称“三周病”，具有高度传染性，发病率和病死率高。

【流行病学】病原为细小病毒科细小病毒属的番鸭细小病毒。病毒对乙醚、胰蛋白酶、酸有很强的抵抗力，对紫外线照射敏感。

雏番鸭是番鸭细小病毒唯一自然感染发病的动物。麻鸭、半番鸭、北京鸭、樱桃谷鸭、鹅和鸡等即使与病鸭混养或人工接种病毒，也不表现临床症状。发病率、病死率与日龄密切相关，日龄越小发病率和病死率越高。一般4~5日龄开始发病，10日龄左右为发病高峰，以后逐渐减少，20日龄左右零星发生，成年番鸭不发病。本病无明显季节性，但在冬春季气温低，育雏室空气流通不畅，空气中氨和二氧化碳浓度较高时，发病率和病死率较高。病鸭通过分泌物和排泄物排出大量病毒，污染饲料、水源、饲养工具、运输工具、饲养员和防疫人员等，易感番鸭被感染。病鸭的排泄物污染种蛋蛋壳，把病毒传给刚出壳的雏鸭，引起疫病暴发。

潜伏期4~9天，病程2~7天，病程长短与发病日龄密切相关。根据病程长短，分为最急性型、急性型和亚急性型。

【临床症状和病变】

1. 最急性型

多发生于6日龄左右的雏鸭。病势凶猛，病程很短，仅数小时，往往不见先兆症状而突然死亡。临死时有神经症状，头颈向一侧扭曲，两脚乱划，死亡率4%~6%。剖检病变不明显，仅出现急性卡他性肠炎或肠黏膜出血。

2. 急性型

主要见于7~21日龄雏番鸭，表现为不同程度的腹泻，排出灰白或淡绿色稀粪，粪中有脓性物，并黏附于肛门周围。病鸭呼吸困难，喙端发绀，后期常蹲伏，张口呼吸。病程一般为2~4天，病鸭精神委顿，濒死前两脚麻痹而倒地，衰竭死亡。剖检全身各器官都有出血现象，特征性病变是小肠有1~2段膨大的肠节，如“腊肠样”。剖开肠腔，可见一层由纤维素性渗出物和脱落的肠黏膜组成的灰白色假膜，包裹粪便。其他肠黏膜也出现水肿和充血。有的病鸭脑膜出血。

3. 亚急性型

该型较少见，往往是急性病例不愈转化而来。病鸭表现为精神委顿，喜蹲伏，两脚无力，行走缓慢，排黄绿色或灰白色稀粪，并黏附于肛门周围。该型死亡率低。大部分病愈鸭生长发育受阻，成为僵鸭。

【诊断】根据流行病学、临床症状和病理变化可初步诊断。本病常与鸭病毒性肝炎和鸭疫里默杆菌病混合感染,容易造成误诊和漏诊。确诊必须依据病原学和血清学诊断。

【防治】加强饲养管理,种蛋、孵坊和育雏室严格消毒,改善育雏室通风,结合预防接种,可杜绝本病发生和流行。在本病流行地区,母鸭在开产前 2 周接种本病的灭活疫苗,对后代有保护力。给 1 日龄的雏鸭接种弱毒疫苗,保护率也很高。

本病无特异性治疗方法。一旦暴发本病,立即将病雏隔离,场地进行彻底消毒,每羽肌内注射高免蛋黄抗体 1 ml,治愈率 80% 以上。为防止和减少继发细菌和真菌感染,适当应用抗生素和磺胺类药。

四、鸭 流 感

鸭流感是 A 型禽流感病毒(AIV)引起的,以败血症、产蛋下降或神经症状为特征的传染病。

【流行病学】本病病原为禽流感病毒,属正黏病毒科、A 型流感病毒。禽流感病毒的特点是其抗原性持续不断发生变异。

各品种和日龄鸭均易感,但纯种番鸭较其他品种鸭更易感。临床上以 1 月龄以上鸭发病多见。一般认为本病通过密切接触传播,也可经蛋传染。病鸭的羽毛、尸体、排泄物、分泌物以及污染的水源、饲料、用具均为传染源。由于病毒的毒力、剂量、感染途径和感染禽种类不同,鸭流感的潜伏期为几小时到 14 天。

【临床症状】由于鸭的品种、年龄、有无并发症、病毒株和外界环境条件的不同,表现症状也有很大差异。番鸭无论是雏番鸭、青(成)年番鸭均有很高的发病率,其次是家养雏蛋鸭和肉鸭,而蛋鸭主要表现为大幅度减蛋、产畸形蛋。病鸭食欲减退或废绝,仅饮水,排白色或带淡黄色水样稀粪;精神沉郁,腿软无力,不能站立,伏卧地上,缩颈;有呼吸道症状。部分病鸭死前有神经症状。病鸭迅速脱水、消瘦。病程短,鸭群发病后 2 ~ 3 天内大批死亡。

【病变】急性死亡的病鸭全身皮肤充血、出血，鸭蹼出血。脑膜出血，气管环出血，肝脏、脾脏、肺脏有广泛性出血。腺胃乳头和肌胃角质下出血。产蛋鸭卵泡充血、出血、变形。特征性病理变化是病鸭心肌变性、梗死，外观似煮熟状。

【诊断】根据临床症状和病理变化可初步诊断，确诊进行病毒分离与鉴定和血清学试验。病毒分离阳性者再用禽流感定型血清做 HI 试验，以确定病毒的血清亚型。此外，也可用病毒中和试验、ELISA 试验以及 PCR 技术来诊断 AIV。

【防治】加强饲养管理，建立完善的生物安全措施，严防禽流感的传入。根据当地和本场疫病流行情况，选择合适的单价或多价禽流感灭活苗免疫接种，并根据抗体检测结果制订科学的免疫程序。目前尚无治疗禽流感的特效药。一旦暴发高致病性鸭流感（H5、H7 亚型），必须按照国家有关规定严格扑杀，封锁疫区，严格消毒。

五、鸭病毒性肝炎

鸭病毒性肝炎是雏鸭的一种急性、高度致死性传染病，特征是传播迅速，死亡率高。病鸭常常头向后仰，呈“角弓反张”的特征姿态。病变特点是肝脏肿大、出血。

【流行病学】病原是鸭肝炎病毒（DHV），属于小核糖核酸病毒群。本病毒分 3 个血清型，不同的血清型之间无交叉中和及交叉免疫保护作用。我国常见 Ⅰ 型鸭肝炎病毒。

该病一年四季均可发生，4～8 月孵化季节发病较多。患病雏鸭是主要传染源。4 周龄以下的小鸭最易感。1～3 周龄雏鸭的死亡率最高，可达 90% 以上。病程短促，常突然发病，迅速死亡。随着日龄的增大，雏鸭的抵抗力逐渐加强。成年鸭带毒，但不表现临床症状。DHV 主要通过消化道、呼吸道感染传播。饲养管理不当，鸭舍内湿度高，饲养密度大，饲料矿物质缺乏等，是该病的诱因。

【临床症状】本病的潜伏期为 24 小时。病鸭精神委顿，不爱活动，缩颈，翅下垂，眼半闭，食欲下降或不食，发病后半天到一天即出现特征性神经症状。雏鸭全身抽搐，侧卧或者仰卧，脚沿躯干伸直，向后踢蹬，头向后弯，死前呈“角弓反张”姿态。雏鸭出现神经症状后，一般几小时或十几分钟后死亡。

【病变】主要病变是肝脏肿大，为正常的 1～2 倍，质地变脆，易破裂，表面有大小不等的出血斑点。胆囊肿大，充满胆汁。脾有时肿大，呈斑驳状。有些病例可见肾脏肿胀充血，腺胃黏膜脱落、出血。

【诊断】根据流行病学特点、特征性症状和病变现场可做出初步诊断。确诊进行病毒的分离和鉴定。

【防治】严格防疫和消毒是防治本病的重要措施。种母鸭开产前用鸭病毒性肝炎弱毒疫苗免疫两次，每次间隔两周，产生的抗体可维持数月，母源抗体可使雏鸭在 2 周内抵抗感染。在疫情严重的鸭场，雏鸭在 10 日龄前仍需进行第一次免疫。未经免疫的种鸭群，其后代应在 1 日龄进行首免。

一旦鸭群发病，使用高免血清或高免蛋黄液给小鸭注射，0.5～1 ml/只，可降低死亡率。

六、鸭　瘟

鸭瘟，又名鸭病毒性肠炎，是一种急性、接触性败血性传染病。临床特征为体温升高、流泪、两脚发软、腹泻和部分病鸭头颈肿大，俗称“大头瘟”。

【流行病学】病原为鸭瘟疱疹病毒，各毒株间毒力各异，但免疫原性相似。

不同品种、年龄、性别的鸭均可感染本病。鹅与病鸭密切接触，有时也能感染发病。在自然流行中，成年鸭发病率和死亡率较为严重，而 1 月龄以内的雏鸭发病较少。春夏之际和秋季流行发病最为严重。

病毒经病鸭和带毒鸭、水源、用具和运输工具等传播。本病主要是经消化道、呼吸道、眼结膜、生殖道而感染。在病毒血症期间，吸血昆虫是潜在的传播媒介。

感染鸭群一般3~7天开始出现零星病例，再经3~5天出现大批病鸭，整个流行过程为2~6周。如果是免疫鸭群感染，流行期可达2~3个月之久。

【临床症状】自然感染鸭发病的潜伏期一般为3~4天。感染的鸭群最初出现无症状死亡。产蛋鸭产蛋率可下降25%~40%。随着病程的进展，更多病鸭出现典型的临床症状。病鸭精神委顿，羽毛蓬乱无光泽，伏地不愿移动，食欲减退或废绝，排绿色或灰白色稀粪。泄殖腔黏膜充血水肿，常有出血性溃疡灶，严重者外翻。病鸭的特征性症状是畏光，流泪，眼、鼻流出黏液性或脓性分泌物，眼睑水肿，不能睁开。翻开眼睑，可见眼结膜充血或有点状出血，甚至溃疡。呼吸困难，叫声嘶哑。部分病鸭头颈发生肿大，俗称“大头瘟”。

【病变】切开病鸭的头颈部，皮下流出淡黄色渗出液。拔去羽毛，可见体表皮肤有出血点。胸腺有大量出血点和黄色病灶区。食道和泄殖腔黏膜坏死，有假膜和出血斑点。有些病例食道和腺胃交界处黏膜出血坏死。肠黏膜充血、出血，以十二指肠和直肠最为严重，小肠集腺和盲肠扁桃体出血，小肠浆膜上有出血性环状带。肝脏轻微肿大，肝表面和切面有大小不等的灰黄色或灰白色坏死点。有些病例坏死灶中间有小出血点或其外围有出血环。心外膜、心冠脂肪出血。卵泡充血、出血、变形和变色，卵泡破裂后引起腹膜炎。

【诊断】根据流行病学、症状和特征性的病理变化可做出初步诊断。注意与鸭巴氏杆菌的鉴别诊断，确诊进行病原分离鉴定。

【防治】加强饲养管理，注意平时的环境卫生，定期对孵化室和鸭舍进行消毒。不从疫区引进鸭子，必须引进时要严格隔离饲养一段时间后再合群。鸭瘟弱毒疫苗免疫接种是防治本病的最有效方法。雏鸭15~20日龄首免，4~5个月后二免。以后每半年免疫一次，疫苗注射后3~4天产生免疫力。发生疫情后，必须采取严格的封锁和隔离措施，将疫病控制在最小范围内，防止蔓延。

七、小鹅瘟

小鹅瘟是由细小病毒引起的一种急性或亚急性、高度致死性传染病。

【流行病学】本病仅发生于鹅与番鸭，其他禽类均无易感性，主要侵害5～25日龄雏鹅与雏番鸭。10日龄雏鹅发病率和死亡率可达95%～100%，随日龄增大发病率逐渐减少。1月龄以上很少发病，成年禽可带毒排毒而不发病。

病雏及带毒成年禽是本病的传染源，通过与病禽直接接触或采食被污染的饲料、饮水而感染。本病毒还可附着于蛋壳上，通过蛋传给孵化器中的易感雏鹅和雏番鸭，造成垂直传播。如果种鹅是经患病后痊愈或经无症状感染而获得了坚强免疫力，后代则有较强的母源抗体保护，可抵抗自然或人工感染而不发生小鹅瘟。

【临床症状】雏鹅日龄不同，临床症状、发病率、死亡率和病程长短都有较大差异。1周龄内发病鹅为最急性型，往往无前期症状，一发现即极度衰弱或倒地乱划，不久即死亡。在第2周内发生的病例多为急性型，病鹅表现精神委顿，缩头，行走困难，常离群独处，食欲减退、废绝，严重腹泻，排出灰白色或黄绿色、带有气泡的稀粪。呼吸困难，喙的前端色泽变暗（发绀），眼鼻端有浆性分泌物，嗉囊有大量气体和液体。病鹅临死前常出现神经症状，头颈扭转、两脚麻痹、全身抽搐，病程1～2天。2周龄以上病例病程稍长，一部分转为亚急性型，以精神委顿、拉稀、消瘦为主要症状。该病病死率一般在50%以下。耐过鹅在一段时间内都表现为生长受抑制，羽毛脱落，少数病鹅可以自然康复。番鸭的临床症状与鹅相似。

【病变】最急性型病例除肠道有急性卡他性炎症外，其他器官一般无明显病变。急性病例表现为全身性败血变化。心脏变圆，心房扩张，心壁松弛，心尖周围心肌暗淡无光泽、苍白。肝脏肿大，呈深紫色或黄红色。胆囊肿大，充满暗绿色胆汁。脾脏和胰腺充血，有灰白色坏死点。部分病例有腹水。本病的特征性病变为急性卡他性—纤维素性坏死性肠炎。小肠中下段整片肠黏膜坏死脱落，与凝固的纤维素性渗出物形成栓子或包裹在肠内容物表面的假膜，堵塞肠腔，外观极度膨大，质地坚实，状如香肠。剖开栓子，可见中心是深褐色的干燥肠内容物。有的病例小肠内会形成扁平带状的纤维素性凝固物。亚急性型更易发现上述特有的病变。一些病鹅的中枢神经系统也有明显变化，脑膜及实质血管充血并有小出血灶。

【诊断】根据本病仅引起雏鹅、雏番鸭发病的流行特点，结合严重腹泻与出现神经症状，小肠出现特征性的急性卡他性—纤维素性坏死性肠炎病变，可做出初步诊断。确诊进行病毒分离鉴定或血清特异性抗体检查。

【防治】由于本病可通过种蛋传染，故要搞好种蛋及孵化场所、设备的卫生消毒。母鹅在产蛋前 30 天，每只皮下或肌内注射种鹅用小鹅瘟疫苗 1 羽份，15 天后加强免疫一次，免疫期 1 年。未经免疫的种鹅后代雏鹅，在出壳 24 小时内皮下注射小鹅用小鹅瘟疫苗 1 羽份，7 天产生免疫力。如种鹅（番鸭）未免疫，可对雏鹅（番鸭）在 1 ~ 3 日龄内注射抗小鹅瘟高免血清或卵黄抗体，必要时于 10 ~ 13 日龄重复一次，有良好的预防效果。对于发病初期的病鹅（番鸭），每只注射抗小鹅瘟高免血清或卵黄抗体 1 ~ 2 ml，也可显著降低死亡率。

八、鹅副黏病毒病

鹅副黏病毒病是由禽副黏病毒Ⅰ型（APM – 1）引起的一种急性烈性传染病，以鹅消化道病变为特征。

【流行病学】本病最早从隆昌鹅开始发病，现在太湖鹅、朗德鹅、雁鹅、四川白鹅、永康鹅以及地方草鹅等不同品种均易感发病。发病率和死亡率随日龄的增加而下降，但 2 周龄以内的雏鹅发病率和死亡率均可达 100%。本病主要通过消化道和呼吸道感染，没有明显的季节性。

【临床症状】1 月龄以上的患鹅发病初期排白色稀粪，中期稀粪带有红色物，后期带有绿色。患鹅精神委顿，少食或拒食，体重迅速减轻。后期不死的鹅表现扭颈、转圈、仰头等神经症状，饮水时更加明显。10 日龄患鹅有感冒样症状，眼睛湿润、多泪水、半闭，流出清水样鼻液，有甩头、咳嗽、呼吸急促等呼吸道症状，排白色稀粪，发病 1 ~ 3 天死亡。种鹅产蛋率可下降 50%，并维持十多天。

【病变】患鹅头部皮肤淤血，有胶冻样浸润，50% 的病鹅皮下脂肪组织、胸肌、腿肌出血；60% 的病鹅肺出血，喉头黏膜出血，支气管内充满黄色干酪样物；脾脏肿大、淤血，表面和切面布满针尖大到绿豆大的灰白色坏死灶；胰腺出血，实质中有粟粒大、白色坏死灶；部分病例肝脏稍肿大、淤血、质地变硬，胆囊扩张、充满胆汁；40% 病鹅心肌变性，心包有淡黄色积液，心冠脂肪沟点状出血；肾稍肿大、色淡，输尿管扩张，充满白色尿酸盐；1/3 病鹅法氏囊出血；有神经症状的病例脑部充血。

病鹅主要病变在消化道。肠道黏膜出血、坏死、溃疡、结痂，从十二指肠开始，往后肠段病变更加明显和严重。直肠尤其明显，有散在性溃疡病灶，附着红褐色结痂。部分病例腺胃及肌胃黏膜充血、出血。

【防治】目前，尚未发现对鹅副黏病毒有特效的药物，可有计划地做好鹅群的疫苗接种和免疫监测工作。种鹅免疫在产蛋前 2 周进行一次灭活苗免疫，使鹅群在产蛋期具有免疫保护力。经种鹅免疫的雏鹅在 15 ~ 20 日龄进行一次灭活苗免疫。根据本病的流行情况，无母源抗体的雏鹅在 2 ~ 7 日龄或 10 ~ 15 日龄进行首次免疫，首免后 2 个月再加强免疫一次。

一旦鹅群发病，立即将病鹅隔离，先免疫注射健康鹅群，后免疫假定健康鹅群。免疫时应勤换注射针头，避免用具污染。同时适当应用抗生素，可减少并发症。

九、鹅 流 感

鹅流感是由 A 型禽流感病毒（AIV）引起的传染病，以败血症、产蛋下降或神经症状为特征。

【流行病学】病原为禽流感病毒，属正黏病毒科 A 型流感病毒。

很多家禽都能自然感染本病，一般为接触性传染。鹅流感一年四季均可发生，一般为隐性感染，但高致病力毒株对各日龄和品种鹅均具有高度致病性。患鹅排泄物及被污染的水源、饲料、用具及环境都是重要传染源。

【临床症状】患鹅体温升高，食欲减退或废绝，排白色或黄绿色稀粪，羽毛松乱，精神沉郁，有的出现神经症状。部分患鹅头颈肿大，皮下水肿，眼睛潮红或出血，眼眶四周羽毛粘着褐色分泌物。患鹅病程不一，雏鹅一般为2～4天，成年鹅为4～9天，母鹅在发病后2～5天内停止产蛋，康复鹅一般要在1个月后才能恢复产蛋。

【病变】急性死亡的患鹅，全身皮肤及皮下充血、出血，蹼充血、出血、发紫。脑膜出血，气管环出血，肝脏、脾脏、肺脏和肾脏广泛性出血，胰腺有椭圆形出血斑或坏死灶。腺胃乳头和肌胃角质下出血，肠道出血。产蛋鹅可见卵泡出血、充血、变形。

【诊断】根据临床症状和病理变化可以做出初步诊断，确诊进行病毒分离与鉴定和血清学试验。病毒分离阳性者再用禽流感定型血清作HI试验，以确定病毒的血清亚型。此外，也可用病毒中和试验、ELISA试验以及PCR技术来诊断AIV。

【防治】平时加强饲养管理，减少应激，完善各项生物安全措施。根据疫病流行情况，选择适当的单价或多价禽流感灭活苗免疫接种，并根据抗体检测结果制订合理的免疫程序。目前尚无治疗禽流感的特效药，一旦发生疫情，必须按照国家有关规定对鹅群进行严格隔离、封锁、扑杀和无害化处理。

十、鸭疫里默杆菌病

鸭疫里默杆菌病，也称鸭传染性浆膜炎、鸭败血症、鸭疫综合征等，是由鸭疫里默杆菌引起的一种接触性、急性或慢性、败血性传染病。

【流行病学】最易感的是鸭，不同品种的雏鸭均有自然感染发病的报道，其次是鹅和火鸡，鹌鹑、野鸭、雉、天鹅、鹧鸪和鸡也可感染发病。2～7周龄的鸭高度易感，10周龄时仍能感染发病，种鸭及成年蛋鸡不易感染。

1日龄雏鸭感染死亡率可达90%以上。低温、潮湿冬季和春季多发。通过污染的饲料、饮水、飞沫、尘土，经呼吸道、消化道、刺破的足部皮肤伤口、蚊子叮咬等多种途径传播。

【临床症状和病变】

1. 最急性型

通常看不到任何明显症状，即突然死亡。

2. 急性型

多见于2～3周龄雏鸭，病程一般为1～3天。病鸭主要表现精神沉郁、厌食、离群，不愿走动或行动迟缓，甚至伏卧不起；垂翅、衰弱、昏睡、咳嗽、打喷嚏，眼鼻分泌物增多，眼有浆液性、黏液性或脓性分泌物，常使眼眶周围的羽毛粘连，甚至脱落。病鸭鼻内流出浆液性或黏液性分泌物，分泌物凝结后堵塞鼻孔，呼吸困难，少数病例可见鼻窦明显扩张，部分病鸭缩颈或以嘴抵地。濒死期神经症状明显，如头颈震颤、摇头或点头，呈角弓反张，尾部摇摆，抽搐而死。有部分病鸭临死前表现阵发性痉挛。

3. 亚急性型或慢性型

日龄稍大的雏鸭(4～7周龄)多发，病程可达1周以上。主要表现为精神沉郁、厌食、腿软弱无力、不愿走动、伏卧或呈犬坐姿势，共济失调、痉挛性点头或头左右摇摆，难以维持躯体平衡。部分病例头颈歪斜，当遇到惊扰时呈转圈运动，或倒退，或跛行。发病后未死鸭往往发育不良，生长迟缓。

本病主要特征是浆膜出现广泛纤维素性渗出物，故称为传染性浆膜炎。最常见部位为心包膜、气囊、肝脏表面、脑膜，甚至全身的浆膜面。急性病例的心包液明显增多，其中可见白色絮状的纤维素性渗出物。心包膜增厚，常见一层灰白色或灰黄色的纤维素渗出物。病程稍长的病例，心包液相对减少，而纤维素性渗出物凝结增多，心外膜与心包膜粘连，难以剥离。气囊混浊增厚，有纤维素性渗出物附着，呈絮状或斑块状，颈、胸气囊最为明显。肝脏表面覆盖一层灰白色或灰黄色的纤维素性膜，厚薄不均，易剥离。肝脏肿大、质脆，呈土黄色或棕红色或鲜红色。胆囊往往肿大，充盈着浓厚的胆汁。有神经症状的病例脑膜充血、水肿、增厚，有纤维素性渗出物附着。有些慢性病例常出现单侧或两侧跗关节肿大，关节液增多。

【诊断】根据流行病学资料、临床症状和病理变化可做出初步诊断，确诊进行细菌分离鉴定。

【防治】注意育雏室的通风换气、干燥防寒，保持适宜的饲养密度和清洁卫生。鸭疫里默杆菌疫苗有油乳剂灭活苗、铝胶灭活苗，以及弱毒活菌苗。由于本菌不同血清型菌株的免疫原性不同，因此，在应用疫苗时要经常分离鉴定本场流行菌株的血清型。选用同型菌株的疫苗或多价抗原组成的多价灭活苗，以确保免疫效果。多种抗生素及磺胺类药物对本病有效。由于鸭疫里默杆菌易产生抗药性，用药前最好能做药敏实验，筛选高敏药物，并注意交替使用。

十一、鸭巴氏杆菌病

鸭巴氏杆菌病，又称鸭霍乱、鸭出血性败血症，是由多杀性巴氏杆菌（PM）引起的一种接触性急性败血症。该病呈世界性分布，给养鸭业造成严重的经济损失。气温较高、多雨潮湿、天气骤变、饲养管理不良等，都可诱发本病流行。以30日龄内的雏鸭发病率和死亡率最高。

【流行病学】1～8周龄鸭易感，2～3周龄鸭最易感，8周龄以上鸭很少发病（但有增多的趋势）。该病发病率可达90%以上，死亡率50%～75%。一年四季均可发生，冬春阴冷潮湿天气尤甚。饲养密度过大，空气不流通，卫生条件差，饮料中缺乏维生素、微量元素及蛋白质水平低，均易造成本病的流行。

【临床症状】病鸭多呈急性经过，发病急、死亡快。一般表现精神委顿，尾翅下垂，食欲废绝，口渴，呼吸困难，鼻和口中流出黏液。病鸭常摇头，想把积蓄在喉部的黏液排出来，所以又称“摇头瘟”。剧烈下痢，排绿色或白色稀粪，有时混有血液，恶臭。往往发生瘫痪，通常在1～2天内死亡。

【病变】剖检可见肌肉出血，在心包内充满透明橙黄色渗出物，遇空气后不久即凝结成胶冻状。心冠状沟脂肪、心内膜及心肌充血和出血；肠道充血和出血;肺呈多发性肺炎,间有气肿和出血。肝略肿大,有针尖状出血点和灰白色坏死点。肠道以小肠前段和大肠黏膜充血和出血最严重,小肠后段和盲肠较轻。雏鸭多表现为多发性关节炎,关节面粗糙,附着黄色的干酪样物质或红色的肉芽组织。关节囊增厚,内含有红色浆液或灰黄色、混浊的黏稠液体,肝脏发生脂肪变性和局部坏死。

【诊断】根据临床症状、剖检变化和从内脏分离鸭巴氏杆菌即可确诊。病原分离,无菌采取病死的心血、脑、肝、关节液及有病变的气囊材料,接种在巧克力琼脂平板上或鲜血琼脂平板上,放蜡烛缸内,于37 ℃温箱内培养48小时,挑选典型菌落(表面光滑、圆形、奶油状)进行纯培养,生化鉴定。

加强饲养管理,避免环境污染和应激。疫苗免疫,7~10日龄时注射1次,20~25日龄再注射1次,保护率可达90%以上。在每千克日粮中加入0.4 g氯霉素或3 g土霉素,或磺胺二甲基嘧啶5 g喂服,连用4天,能很快控制疫情。最有效的治疗措施是单独肌内注射链霉素和双氢链霉素。

十二、鸭大肠杆菌病

鸭大肠杆菌病是常发病,主要侵害2~6周龄的雏鸭或中鸭。发病鸭场一般卫生条件较差、潮湿,饲养密度过大,通风不良。秋末和冬春季节多发,可引起败血症,也称鸭大肠杆菌败血症。

【流行病学】大肠杆菌为革兰染色阴性杆菌,在大多数培养基中生长良好。在麦康凯琼脂上生长形成红色菌落。大多数大肠杆菌是人和动物肠道的正常菌,对鸭为非致病菌。只有少数血清型具有致病性,在鸭体免疫功能下降或饲养环境恶劣时引起发病。

各年龄鸭均可感染,以2~6周龄多见。呼吸道为主要感染途径,其他如伤口及成年鸭生殖道感染、种蛋污染等也能感染。本病死亡率高达50%左右,常与鸭传染性浆膜炎同时存在。成年鸭和种鸭主要为零星死亡。天气寒冷、鸭舍地面潮湿时发病率较高,育雏温度过低也可发病。

【临床症状】卵黄囊感染的雏鸭主要表现为脐炎(大肚脐),精神不振,行动迟缓,拉稀,泄殖腔周围粪便粘染等。育雏或育成阶段大肠杆菌性败血症的表现与传染性浆膜炎基本相似。气囊感染时可见有明显的呼吸困难。成年鸭大肠杆菌感染病程相对缓慢,表现为精神沉郁,喜卧,不愿走动,站立或行走时腹部有明显的下垂。

【病变】卵黄囊感染时可见腹部臌胀、卵黄吸收不良及肝脏肿大等。大肠杆菌性败血症的特征性病变是心包炎、肝周炎和气囊炎。心包粘连,心包囊内充满淡黄色纤维素性渗出物;肝脏肿大,表面有一层淡黄色或乳黄色纤维素膜;气囊壁增厚、浑浊,表面有干酪性渗出物。大肠杆菌性腹膜炎,可见腹腔有蛋黄样液体和干酪样渗出物。

【防治】改善饲养管理,做好鸭舍的环境卫生工作,保持合理放养密度,鸭棚保持良好的通风条件,实行"全进全出"制。大肠杆菌耐药谱很广,易产生或获得耐药性,因此,要定期更换药物或交替应用。最有效的方法是做分离细菌的药敏试验,选用有效药物。

十三、鸭葡萄球菌病

鸭葡萄球菌病是由金黄色葡萄球菌引起的一种常见细菌性疾病,临床有败血症、关节炎、脐炎、腱鞘炎、心内膜炎等多种病型。该病发生与饲养管理不良有关。

【流行病学】病原为金黄色葡萄球菌,革兰染色阳性,镜检细菌排列成葡萄状。禽型金黄色葡萄球菌产生金黄色色素、溶血素和血浆凝固酶,能凝固兔血浆,在血琼脂平板上产生溶血环。细菌致病力与产生的毒素有关。该菌对外界有较强的抵抗力,在干燥的脓血中能生存数月。3% ~ 5% 石炭酸杀菌效果好。

金黄色葡萄球菌是鸭体表及周围环境的常在菌,广泛存在。主要通过创伤感染、直接接触、空气、污染种蛋表面传播。幼雏发病多与垫料污秽不洁或粗糙过硬有关,损伤皮肤而感染,脐孔感染引起脐炎。种蛋或孵化器被污染,会造成胚胎早期死亡,孵出的雏鸭容易患脐炎和死亡。饲养管理不良，如饲养密度大、空气污浊、通风不良、鸭舍潮湿、环境卫生差，鸭体表皮肤破损，鸭抵抗力下降时可感染发病。饲料单一，缺乏维生素和矿物质等，会促进发病。

各种日龄鸭都可感染发病，以幼鸭多发，还可感染多种家禽。

【临床症状】

1. 急性败血症

病鸭表现精神不振，食欲废绝，两翅下垂，缩颈，嗜眠，下痢，排灰白色或黄绿色稀粪。典型症状为胸腹部及大腿内侧皮下浮肿，破溃后流紫红色液体，周围羽毛沾污。死鸭有腹水，肝肿大，呈绿褐色。脾肿大、淤血。

2. 关节炎型

较多见，种鸭多发。病鸭站立时频频抬脚，驱赶时跛行或跳跃式步行，跖枕部流出大量血液和脓性分泌物。触摸局部有热痛感。跖趾和跗关节肿胀、积液、破溃，切开可见肿胀块，由纤维组织肉芽肿形成。跖趾关节变形，关节面粗糙，关节腔内积有淡黄色脓性分泌物。患鸭关节囊、滑液囊内有浆液性或纤维素性渗出物，病程长则关节囊内有干酪样坏死物质。

3. 脐炎型

病雏鸭卵黄吸收不良，稀薄如水；脐部肿大、坏死、紫黑色，时间稍久形成脓样干固坏死物。

4. 皮肤型

患鸭皮下有出血性胶冻样浸润，呈黄棕色或棕褐色，或有坏死性病变。

【诊断】确诊需实验室诊断。取脓液等染色镜检，可见到革兰阳性、圆形或卵圆形葡萄状和短链状球菌。分离培养，致病性葡萄球菌的菌落金黄色，具有溶血性，能发酵甘露醇，凝固酶试验阳性。

【防治】加强饲养管理，供给必要的营养物质、足够的维生素制剂和矿物质，增强鸭的抵抗力。做好鸭舍及鸭群周围环境的消毒工作，减少环境中含菌量，降低感染机会。尽量消除鸭受外伤的机会，如雏鸭网育的铁丝网结构合理，防止铁丝等刺伤皮肤；种鸭运动场平整、排水好，防止雨水浸泡鸭体。

采集病料做药敏试验，选择敏感药物治疗，常用氟哌酸、环丙沙星、庆大霉素等。磺胺-6-甲氧嘧啶按0.5%拌料，喂服3天后改为0.25%，持续1周；硫酸庆大霉素肌注，3 000单位/千克体重，每天3~4次，连用7天；卡那霉素注射液肌内注射，每只雏鸭用量5 000~8 000国际单位，每日1次，连续2~3天。关节炎型病例，可结合局部消毒处理。治疗重症鸭往往会得不偿失。高发病鸭场可考虑使用自家苗免疫，种鸭开产前2周左右接种疫苗，可降低发病率。

十四、鸭肉毒梭菌毒素中毒

鸭肉毒梭菌毒素中毒是由肉毒梭菌C型毒素引起，主要表现全身性麻痹、头下垂、软弱无力，又名“软颈病”。

【流行病学】肉毒梭菌为革兰阳性厌氧菌，能产生芽孢。细菌本身无致病性，在野禽或家禽肠道中极易增殖，并能产生抵抗力强的芽孢。有人认为它是肠道正常寄生菌之一。细菌产生的外毒素具有强烈的致病作用，可分为八型（A、B、Ca、Cb、D、E、F、G）。鸭和雉鸡对C型毒素最敏感；鸡对A、C、E型毒素最敏感，对C型毒素有较强的耐受力。

本病主要发生于碱性浅滩水域地区。夏秋季节干燥少雨，湖泊水浅，常有一些腐败的鱼类和小动物尸体，尤其是鸭群在有死猪、死猫狗的池塘、水渠放牧，动物尸体含有大量肉毒梭菌，被鸭群吞食后会引起中毒。被肉毒梭菌污染的饲料或水源，也可引起鸭群中毒。

【临床症状】鸭急性中毒后全身性痉挛、抽搐，很快死亡。慢性中毒表现精神迟钝，食欲废绝，颈松软下垂，双翅下垂，双腿麻痹不能站立。强行驱赶，则鸭双翅拍地跳跃而行。病鸭伸颈呼吸、腹泻，粪便呈绿色，可因颈部肌肉麻痹窒息或循环障碍而死。一般病鸭出现麻痹症状后24~48小时死亡。

【病变】肉毒梭菌毒素中毒鸭无明显的剖检病变和病理组织学变化，无法依此进行诊断。

【诊断】根据典型的软颈、不能站立等症状，有吃腐败动物性饲料的病史,无剖检病变等,做出初步诊断。确诊需要检测病鸭血清、胃肠洗液或饲料中毒素,用小白鼠做中和试验。

【防治】加强饲养管理,消除环境中的毒源,及时处理死鸭和淘汰病鸭。在疫区清除污染垫料后,用次氯酸钠、碘酊和福尔马林等消毒,减少环境中的芽孢数量。在夏秋季节注意鸭群放牧地是否有腐败鱼类或其他动物尸体,应避开。

一旦鸭群中毒,尽快采用抗毒素疗法,每只鸭肌内注射 C 型抗毒素 2~4 ml。肉毒梭菌对 13 种抗生素敏感,临床应用杆菌肽、链霉素、金霉素等,均可降低死亡率。用亚硒酸钠、维生素 A、维生素 E,也有较好的辅助治疗作用。

十五、鸭曲霉菌病

鸭曲霉菌病又称曲霉菌性肺炎,是由曲霉菌引起的真菌性传染病,主要侵害呼吸器官,特征是在病鸭的肺和气囊上形成广泛性炎症和小结节。雏鸭多发,呈急性、群发性暴发,发病率和死亡率较高。

【流行病学】曲霉菌的种类很多,如烟曲霉、黑曲霉、黄曲霉、白曲霉和构巢曲霉等,以烟曲霉致病力最强。曲霉菌在自然界广泛分布,常见于腐烂植物、土壤以及谷粒饲料中。曲霉菌自然界适应能力强,在温暖、潮湿的环境下 24~30 小时即可产生孢子。对化学消毒药具有较强的抵抗力,一般消毒药须经 1~3 小时才能灭活。5% 氯胺 10 分钟或 2% 碘化钾 10 分钟,煮沸 5 分钟能杀死。

鸭、鹅、鸡、鸽、火鸡等均易感。20 日龄内雏鸭的易感性很高,4~12 日龄为高发,而成年鸭为散发。主要经呼吸道和消化道感染,特别是被曲霉菌污染的垫料和发霉的饲料。饲养管理不善、饲料粗劣、鸭舍通风不良、高密度饲养、卫生条件及营养不良是本病暴发的主要诱因。

【临床症状】病鸭精神沉郁,少吃或不吃,不爱走动,跟不上群,常缩颈呆立,两眼半闭状,翅下垂,羽毛粗乱。有的张口呼吸,咳嗽,后腹起伏明显,有时出现间歇性强力咳嗽和喘鸣声。气囊破裂时发出特殊的沙哑声。后期出现麻痹症状，有时痉挛或阵发性抽搐。急性病鸭3～5天死亡。慢性病例症状不明显，主要表现为行走困难、喘气、下痢，逐渐消瘦而死亡。

【病变】剖检可见喉头和气管黏膜充血，有淡黄色渗出物或真菌结节。肺脏上可见典型的真菌结节，从小米粒到绿豆大，呈灰白色、黄白色或淡黄色，散在或均匀地分布在整个肺脏。气囊膜上布满数量和大小不一的真菌结节。有的病例其他脏器、腹腔浆膜上也可见相似的真菌结节或病斑。

【诊断】根据流行病学、临床症状、剖检病变及有无接触发霉垫料和喂给霉变饲料可初步诊断，确诊须进行真菌分离鉴定或病理学检查。

【防治】不用发霉的垫料和禁喂发霉饲料，注意鸭舍的通风换气，鸭舍和用具定期消毒等。垫料经常更换，尤其在梅雨季节应防止真菌生长繁殖。育雏室要保持清洁、干燥，温差不要过大，合理通风换气，减少育雏室空气中的真菌孢子数量。加强孵化室的卫生管理，防止雏鸭真菌感染。测定饲料中的含真菌数，如曲霉菌孢子量超标，应高温处理或加工调制后再投喂。

及时将未感染鸭转移到干净和通风良好的鸭舍。发病鸭群立即更换垫料，停喂和更换霉变饲料，清扫和消毒鸭舍。给病鸭饮用抗生素和多维素，防止并发感染。目前尚无特效的治疗方法，可用1∶2 000～1∶3 000的硫酸铜溶液饮水3～4天；用0.5%～1.0%的碘化钾溶液饮水3～4天；雏鸭每天用制霉菌素2～3 mg拌料，连用3天。

十六、鸭球虫病

鸭球虫病是由艾美耳球虫感染引起的出血性消化道传染病，发病率和死亡率均较高，常造成雏鸭大批死亡，耐过鸭往往生长发育受阻、增重缓慢，对养鸭业危害大。

【流行病学】病原为艾美耳球虫，多寄生于肠道，少数艾美耳属球虫寄生于肾脏。

2～3周龄雏鸭对球虫的易感性最高，地面育雏18～24日龄开始发病。网上育雏的雏鸭下地后3～4天(即23～24日龄)开始发病。本病发病率为30%～90%，死亡率20%～80%。6周龄以上鸭感染通常不表现明显的临床症状，但成为带虫者，是重要传染源。病鸭或带虫鸭的粪便污染土壤、地面、用具，以及饲料和饮水。本病与气温和湿度有密切关系，北方发生于4～11月，9～10月发病率最高。

【临床症状】雏鸭感染后第4天出现精神委顿，缩颈，不食，喜卧，渴欲增加等症状。病初拉稀，随后排暗红色或深紫色血便，发病当天或第2～3天急性死亡。耐过的病鸭逐渐恢复食欲，死亡停止，但生长受阻，增重缓慢。慢性病鸭一般不显症状，偶见有拉稀，常成为球虫携带者和传染源。

【病变】毁灭泰泽球虫危害严重，肉眼病变为整个小肠呈泛发性出血性肠炎，尤以卵黄蒂前后的病变严重。肠壁肿胀、出血，黏膜上有出血斑或密布针尖大小的出血点，有红白相间的小点，覆盖一层糠麸状或奶酪状黏液，或有淡红色或深红色胶冻状出血性黏液，但不形成肠心。

菲莱温扬球虫致病性不强，肉眼病变不明显，仅见回肠后部和直肠轻度充血，偶尔在回肠后部黏膜上见有散在的出血点，直肠黏膜弥漫性充血。

【诊断】鸭带虫现象极为普遍，不能仅根据粪便中有无卵囊做出诊断，应根据临床症状、流行特点和病理变化，结合病原检查综合判断。

【防治】加强日常饲养管理，改善鸭舍的环境卫生，保持干燥清洁，定期清除粪便并发酵处理，防止污染饲料和饮水。饲槽和饮水用具等经常消毒。定期更换垫料，换垫新土。雏鸭和成年鸭应分开饲养。在球虫病流行季节，地面饲养达到12日龄的雏鸭，可将抗球虫药物混于饲料中喂服，有良效。

发病时，被污染的场地等用20%生石灰水或1∶200的农乐液彻底消毒。同时对病鸭积极进行药物治疗。幼雏和育成雏鸭用二硝托胺预混剂按12 mg/kg拌料，连用5～7天；盐酸氨丙啉—磺胺喹啉钠粉按0.5 g/L饮水，连用3天，停2天，再用3天；盐酸氯苯胍(产蛋期鸭禁用)按10～15 mg/kg灌服，1次/天，连用3～5天；球虫宁按30 mg/kg拌料，连喂3

天;磺胺-6-甲氧嘧啶和TMP合剂(比例为5∶1),用量为0.04%,拌料,连喂7天,停药3天,再喂3天。产蛋期病鸭可用妥曲珠利按7 mg/kg拌水混饮,连用2~3天。常山柴胡合剂按0.5~1 ml/只灌服,2次/天,连用3天。疫苗接种同样可用于预防鸭球虫病。

十七、鸭绦虫病

鸭绦虫病是一种绦虫寄生于鸭小肠引起的寄生虫病,常造成幼鸭大批死亡,呈地方性流行。

【流行病学】绦虫有多种,常见的是剑带绦虫和膜壳绦虫。绦虫乳白色,长10~30厘米、宽2~10毫米,有一个头节,上有4个吸盘,1个颈节,几十个体节(孕节)。剑带绦虫的中间宿主是剑水蚤。虫卵或孕卵节片随粪便排出体外,被剑水蚤吞食后发育为成熟的似囊尾蚴。鸭吞食了带有似囊尾蚴的剑水蚤而感染。

夏季多发,主要侵害2~4月龄的幼鸭,常造成大批死亡。除鸭、鹅外,野生水禽也能感染,成为本病流行的自然疫源。

【临床症状】病鸭消化紊乱,便秘、腹泻交替,消瘦、贫血,生长发育迟缓,有时还可出现神经症状(如行走不稳、歪颈仰头、麻痹痉挛、仰卧倒地作划水样动作),或突然倒地,站立后又倒下,最后极度贫血瘦弱而死亡。病程1~5天。

【病变】剖检时可见绦虫,小肠发生卡他性炎症和黏膜出血,其他浆膜和黏膜组织也常见有大小不一的出血点。

【诊断】粪检查到孕卵节片或剖检看到虫体,可以确诊本病。

【防治】加强饲养管理,提高鸭抗病能力。加强水塘的卫生管理和轮换放养。剑水蚤吞食虫卵后需20天发育成似囊尾蚴,故在一个水塘放牧20天后,应及时迁移到另一个安全地区放养。被虫卵污染的水塘应停止使用1年以上,以防止剑水蚤危害。鸭群要定期驱虫。在流行地区,成年鸭应在每年春、秋放牧结束后和春季开始放牧前各驱虫一次,及时清理粪便,饲喂的水草要清洗。鸭群驱虫可用下列药物:丙硫苯咪唑(抗蠕敏),

20 mg/kg，一次投服。氢溴酸槟榔碱，1～1.5 mg/kg溶于饮水中服用，在给药前应维持停水饥饿。吡喹酮，10～20 mg/kg 拌料一次投服，最好隔10天后按同样剂量再服用一次。氯硝柳胺，50～60 mg/kg，一次投服。硫双二氯酚（别丁），30～50 mg/kg，一次投服。

十八、鸭喹乙醇中毒

喹乙醇的商品名为倍育诺、快育灵，是一种常用的抗菌药和促生长剂，对巴氏杆菌、沙门菌、大肠杆菌等革兰阴性菌有抑制作用，同时能提高饲料利用率，促进生长和加快增重，被作为饲料添加剂而广泛使用。但是，如果使用剂量过大、长时间连续投药、重复添加用药或饲料中拌料不均匀等，均可导致中毒或蓄积中毒。投药方法不当也是造成中毒的原因之一，喹乙醇几乎不溶于冷水，饮水给药常引起中毒。

鸭和鸡对喹乙醇敏感，中毒的病例时有发生。中毒症状的严重程度与禽龄有关，日龄小者中毒较深，症状表现较早；日龄大者症状出现较迟；相同日龄者，则以强壮、采食量大的个体首先出现中毒症状。鸭对喹乙醇的耐受能力大于鸡，饲料中喹乙醇含量在1 000 mg/kg 体重以下，不会急性中毒死亡。凡中毒后的鸭群，即使已经停喂含喹乙醇的饲料，死亡现象仍持续很长时间。

【临床症状】中毒鸭精神沉郁，食欲不振或废绝，渴欲增加，翅不垂，不愿走动或瘫痪，口中不断流出液体。随着病程的加长，鸭嘴上喙出现水疱，水疱破裂，脱皮结痂。有的上喙变短且喙边缘上翘卷起，形成严重的畸形嘴。

【病变】病死鸭剖检可见口腔内有大量黏液。血液凝固不良，呈深紫褐色。肌胃角质膜下有出血点或出血斑。腺胃充血，间有出血。肠浆膜面有少量针尖大出血点，十二指肠黏膜呈弥漫性出血，盲肠扁桃体肿胀、出血，泄殖腔严重出血。卵泡出血。有些家禽胃肠内容物呈浅黄色，肠黏膜为黄色。肝重度黄染或肿大淤血，质脆易碎。肾肿大淤血，呈紫黑色，有大量出血点。心脏扩张，心冠脂肪有小点状出血，心肌充血或出血，心外膜严重充血、出血，心包液增多。肺有少量出血点。腿部肌肉有出血点和出血斑。

【诊断】根据有饲喂过量或高浓度喹乙醇史、临床症状，剖检有全身广泛性出血的病变等，可做出诊断。

【防治】正确按剂量添加喹乙醇，作饲料添加剂是每千克饲料中加入25～35 mg；预防剂量为每千克饲料中拌入50～80 mg，连用3～4天为一个疗程；治疗剂量为20～30 mg/kg，个体投服或拌料喂服，每天1次，连用2～3天，必要时隔几天重复一个疗程。喹乙醇混料时搅拌必须均匀。发现中毒应立即停药。鸭喹乙醇中毒后死亡缓慢，一般停药后2～3天开始大批死亡，易造成误诊。目前未见有效解毒方法。治疗该病只能采取一些辅助性治疗措施。如饮水中交替投放0.1%～0.2%碳酸氢钠、6%～8%蔗糖或3%～4%的葡萄糖，加强肾脏的排泄及肝脏的解毒功能；同时投喂相当于营养需要3～5倍的复合维生素或0.1%的维生素C，切忌用抗生素类药物治疗。

十九、鸭 痛 风

鸭痛风是由于鸭体内蛋白质代谢障碍，尿酸盐在内脏器官或关节腔大量蓄积引起的代谢性疾病。

【病因】鸭痛风的病因很多，有营养性因素、中毒性因素、传染性因素等。

1. 营养性因素

豆饼、花生饼、鱼粉、肉粉、肉骨粉、动物内脏组织等蛋白原料含核蛋白和嘌呤碱高。饲料中钙过剩或草酸过高。维生素A缺乏。饮水不足。断水时间过长，舍温过高或长途运输造成的饮水不足。

2. 中毒性因素

如磺胺类与氨基糖苷类抗菌药物等在体内通过肾脏排泄，影响维生素A的吸收，尤其是药物应用时间长、量过大，对肾脏有潜在性的毒害作用；真菌毒素污染的饲料可引起中毒，真菌毒素具有肾毒性，导致痛风；慢性微量元素中毒也可引起肠道炎症和肾脏机能障碍，并影响维生素A的吸收，导致痛风。

3. 传染性因素

如沙门菌病、大肠杆菌病、球虫病等可导致肾炎和肾功能衰竭，诱发痛风。家禽在幼龄阶段染病而致肾损害，待性成熟后，产蛋期饲喂高钙量的饲料，导致痛风。

【临床症状和病变】

根据尿酸盐在体内沉积的部位不同，痛风分为内脏型与关节型痛风，可同时发生。

1. 内脏型痛风

幼鸭多发生急性痛风，表现食欲废绝，两肢行走无力，衰弱，常1～2天内死亡。青年鸭和成年鸭多发生亚急性病例，精神不振，食欲减少或废绝，瘦弱无力，排半黏稠白色稀便，逐渐衰弱死亡，病程3～7天。有时也可因心肌的尿酸盐沉积而突然心衰而死。内脏型痛风剖检时可见尿酸盐在腹腔内沉积，心脏、肝脏、肠道、肠系膜、胸腹膜、肾脏、脾脏等表面有大量白色石灰渣样尿酸盐沉积，严重者肝脏与胸壁粘连。肾脏肿大，有大量尿酸盐沉积，红白相间，呈现花斑状。两条输卵管肿胀，有大量白色的尿酸盐沉积，严重者可形成结石，呈圆柱状。肾脏中尿结石呈珊瑚状。有的脑壳也可见到尿酸盐沉淀。

2. 关节型痛风

尿酸盐沉积于各关节而肿胀变形，患鸭跛行、瘫痪，病程7～10天。在关节周围及关节腔中，有白色尿酸盐沉积或白色黏稠状液体，关节周围的组织由于尿酸盐沉积而呈白色，严重者尿酸盐可沉积成痛风石。有些骨关节面溃疡及关节囊坏死。

【防治】改善饲养管理，调整饲料配合比例，适当减少蛋白质饲料，避免饲料中的钙含量过高以及钙磷比例失调。供给充足饮水和新鲜青绿饲料，补足维生素A。病鸭停用抗菌药物，特别是对肾脏有毒害作用的药物，慎用磺胺类药物，防止用药过量。碳酸氢钠能使尿液呈碱性，易形成结石，因此，患痛风的鸭群禁止添加碳酸氢钠。

治疗主要通过药物使尿液酸化，以溶解肾结石，保护肾功能。在饲粮中添加氯化铵（≤10 kg/吨饲料）、硫酸铵（≤5 kg/吨饲料）、DL－蛋氨酸（6 kg/吨饲料）、2－羟－4 甲基丁酸（≤6 kg/吨饲料）。用肾肿解毒药或肾肿灵、肾宝等饮水，每天8～12小时。添加维生素 A 或鱼肝油（以维生素 A 计算），5 000～10 000单位/kg；多饮水，配以别嘌呤醇、利尿药、乙酰水杨酸钠等。

二十、幼鸭维生素 E 和硒缺乏症

幼鸭维生素 E 和硒缺乏症是以脑软化症、渗出性素质和肌营养不良为主要特征的营养代谢病，又称为幼鸭白肌病。

维生素 E 不仅是正常生殖机能所必需的，而且是一种最有效的天然抗氧化剂，对饲料中的脂肪酸和其他高级不饱和脂肪酸、维生素 A、维生素 D_3、胡萝卜素和叶黄素等重要成分具有保护作用，能够预防脑软化症。

【病因】饲料中维生素 E 含量不足，如配方设计不当、加工过程失误。饲料中维生素 E 失效，因为维生素 E 极易被氧化而破坏，如籽实存放 6 个月维生素 E 即损失 30%～50%。饲料中矿物质、不饱和脂肪酸等对维生素 E 的氧化，制粒过程中高温高湿的破坏。维生素 E 与硒有协同作用，饲料中硒的缺乏会导致维生素需要量增加，引发与维生素 E 缺乏相似的症状。

【临床症状和病变】患病雏鸭精神委顿，食欲减少，体质下降，消瘦，趾和喙发白，两腿麻痹，软弱无力，行步不稳，不能站立喜卧，最后倒卧一侧，抽搐死亡。腹围增大，腹部触摸时有波动感。腹腔有大量淡黄色清朗的渗出液体，整个肝表面覆盖一层白色或淡黄色膜，与肝组织紧密粘连，不易分离。病程长则肝组织呈肌化。心包有大量淡黄色清朗液体，心肌特别松软，有白色条纹状坏死。肌肉尤其是胸部和腿部肌肉苍白，有出血斑或黄白色条纹状坏死。全身皮下尤其是胸腹部皮下和颈部皮下，有淡黄色胶冻样渗出液。

【防治】首先查找饲料及原料的来源，在缺硒地区或饲喂缺硒饲料时，应加入含硒的微量元素添加剂。加强饲料的保管，不要受热，防止酸败。饲料应存放于干燥、阴凉、通风处,不宜过久存放。

每千克饲料含有维生素 E 20 ~ 25 mg 和硒 0.14 ~ 0.15 mg,可防止此病。

缺硒,每只鸭可立即用 0.005% 亚硒酸钠液皮下或肌内注射 1 ml,注射数小时后可见症状减轻。在饲料中按每千克饲料添加亚硒酸钠 0.5 mg,连喂 3 天可康复。

缺维生素 E,每只鸭口服 300 单位维生素 E,连喂 3 天可康复;同时每千克饲料添加 50 ~ 100 mg 维生素 E,连喂十余天,有良好的治疗效果。

缺乏维生素 E 和硒,可应用亚硒酸钠维生素 E 注射液。

图书在版编目(CIP)数据

乡村兽医/唐仲明等编著.—济南:山东科学技术出版社,2014(2015.重印)

(新型职业农民技能培训丛书)

ISBN 978-7-5331-7279-4

Ⅰ.①乡… Ⅱ.①唐… Ⅲ.①兽医学-技术培训-教材 Ⅳ.①S85

中国版本图书馆 CIP 数据核字(2014)第 042208 号

新型职业农民技能培训丛书

乡村兽医

唐仲明 等编著

主管单位:山东出版传媒股份有限公司

出 版 者:山东科学技术出版社

地址:济南市玉函路 16 号

邮编:250002 电话:(0531)82098088

网址:www.lkj.com.cn

电子邮件:sdkj@sdpress.com.cn

发 行 者:山东科学技术出版社

地址:济南市玉函路 16 号

邮编:250002 电话:(0531)82098071

印 刷 者:山东金坐标印务有限公司

地址:莱芜市嬴牟西大街 28 号

邮编:271100 电话:(0634)6276022

开本: 720mm×1020mm 1/16

印张: 14.5

版次: 2014 年 7 月第 1 版 2015 年 12 月第 2 次印刷

ISBN 978-7-5331-7279-4

定价:25.00 元